现代水文水资源管理与监测研究

李 丽 靳高阳 王 健◎著

吉林科学技术出版社

图书在版编目（CIP）数据

现代水文水资源管理与监测研究 / 李丽，靳高阳，
王健著. -- 长春 ：吉林科学技术出版社，2023.3
ISBN 978-7-5744-0248-5

Ⅰ．①现… Ⅱ．①李… ②靳… ③王… Ⅲ．①水文学
－研究②水资源管理－研究③水环境－环境监测－研究
Ⅳ．①P33②TV213.4③X832

中国国家版本馆 CIP 数据核字（2023）第 061340 号

现代水文水资源管理与监测研究

作　　者　李　丽　靳高阳　王　健
出 版 人　宛　霞
责任编辑　管思梦
幅面尺寸　185 mm×260mm
开　　本　16
字　　数　309 千字
印　　张　13.5
版　　次　2023 年 3 月第 1 版
印　　次　2023 年 3 月第 1 次印刷
出　　版　吉林科学技术出版社
发　　行　吉林科学技术出版社
地　　址　长春市净月区福祉大路 5788 号
邮　　编　130118
发行部电话/传真　0431-81629529　81629530　81629531
　　　　　　　　　　81629532　81629533　81629534

储运部电话　0431-86059116

编辑部电话　0431-81629518

印　　刷　北京四海锦诚印刷技术有限公司

书　　号　ISBN 978-7-5744-0248-5
定　　价　80.00 元

版权所有 翻印必究 举报电话：0431-81629508

前　言

　　水文事业是国民经济和社会发展的基础性公益事业，水文肩负着艰巨而神圣的使命。新时期我国治水新思路的转变，给水文工作提出了更高的要求，即为解决国民经济建设和社会经济发展中的水问题提供科学决策依据，为合理开发利用和管理水资源、防治水旱灾害、保护水环境和生态建设提供全面服务。水文是预先掌握、深度破译水信息的科学，是从古至今、传统而现代的工作，是关乎防汛抗旱、水资源利用和保护乃至水利事业及经济社会发展的基础。监测是直接获取各项水文数据的重要手段，是水文工作的数据源，是开展水文服务的必要前提。随着经济社会发展和科技进步，我国水文监测工作取得了显著成效，同时也面临着新的挑战。

　　新时期水文水资源管理，是维持水资源可持续利用、实现水资源良性循环的重要保证，管理是为达到某种目标而实施的一系列计划、组织、协调、激励、调节、指挥、监督、执行和控制活动。水文监测是一项围绕水资源而开展的观测与分析活动，目的在于探明水资源的数量、质量、分布状况及现阶段的利用水平等。水资源监测除了掌握水量等基础层面的数据外，还须深入分析水的商品属性，因此该项工作彰显出较为显著的社会属性。在经过持续的水资源监测后，可以生成丰富的水文信息，工作人员根据所掌握的信息更为高效地开展水资源管理、调度、优化等相关工作，为日常生活、农业灌溉、工业生产等领域提供充足的水资源。总体来看，水文监测具有覆盖面广、管理难度大的特点，必须由专员以合理的方法将各项监测工作落实到位。

　　现阶段，水资源监测较传统的水文监测有如下转变：从监测自然水要素向监测自然水要素和社会水要素并重转变，从过去的流域水系一条线向流域和行政相结合转变，从以驻测、巡测人工监测为主向自动化和信息化监测转变。因此，需要不断完善水资源监测站网，不断提高水资源监测现代化技术水平。本书首先分析了水文与水资源的研究任务及特征，接着对水文水资源监测及设备、水生态监测、应急监测、水文数据处理与管理做了重点论述，最后研究了水资源管理及水资源可持续利用与保护。本书可供从事水资源评价、规划、管理及监测的科研人员、管理人员参考。

目 录

第一章 水文与水资源绪论

随着我国经济水平的不断提高，我国工业化发展步伐明显加快。在这样的发展态势下，各行业领域生产工作初步实现了高质量发展目标。但是随着工业生产活动的不断开展，水资源质量问题频频出现。在我国可持续理念以及环境保护理念的驱动作用下，政府相关部门及生产单位对水文水资源保护工作予以了高度重视以及大力践行。但是从践行角度上来看，由于部分用水单位对于水资源循环使用的概念理解不够透彻，同时在日常生产操作行为方面存在不规范问题，导致水资源管理工作难以得到切实有效的开展。

第一节 水文与水资源研究的对象和任务

水是人类及一切生物赖以生存的必不可少的重要物质，是工农业生产、经济发展和环境改善不可替代的极为宝贵的自然资源。

"水文"一词泛指自然界中水的分布、运动和变化规律，以及与环境的相互作用。"水资源"一词虽然出现较早，随着时代进步其内涵也在不断地丰富和发展。但是水资源的概念却既简单又复杂，其复杂的内涵通常表现在：水类型繁多，具有运动性，各种水体具有相互转化的特性；水的用途广泛，各种用途对其"量"和"质"均有不同的要求；水资源所包含的"量"和"质"在一定条件下可以改变；更为重要的是，水资源的开发利用受经济技术、社会和环境条件的制约。因此，人们从不同角度的认识和体会，造成对"水资源"一词理解的不一致和认识的差异。目前，关于水资源普遍认可的概念可以理解为人类长期生存、生活和生产活动中所需要的具有数量要求和质量前提的水量，包括使用价值和经济价值。一般认为水资源概念具有广义和狭义之分。

广义上的水资源是指能够直接或间接使用的各种水和水中物质，对人类活动具有使用价值和经济价值的水均可称为水资源；狭义上的水资源是指在一定经济技术条件下，人类可以直接利用的淡水。

研究水文规律的学科称为水文学，它是通过模拟和预报自然界中水量和水质的变化及发展动态，为开发利用水资源、控制洪水和保护水环境等方面的水利建设提供科学依据。而水资源作为一门学科是随着经济发展对水的需求和供给矛盾的不断加剧，伴随着水资源研究的不断深入而逐渐发展起来的。在这一发展过程中，水文学的内容一直贯穿在水资源学的始终，是水资源学的基础。而水资源学始终是水文学的发展和深化，具体体现在：

20世纪60年代以来，用水问题在世界范围内已十分突出，加强对水资源开发利用、管理和保护的研究，已经提到议事日程上来，并且发展很快。联合国本部（UN）、粮农组织（FAO）、世界气象组织（WMO）、联合国教科文组织（UNESCO）、联合国工业发展组织（UNIDO）等均有对水资源方面的研究项目，并不断进行国际交流。

1965年，联合国教科文组织成立了国际水文十年（IHD）（1965—1974）机构，120多个国家参加了水资源研究。在该机构中，组织了水量平衡、洪涝、干旱、地下水、人类活动对水循环的影响研究，特别是农业灌溉和都市化对水资源的影响等方面的大量研究，取得了显著成绩。1975年成立的国际水文规划委员会（IHP）（1975—1989）接替IHD。第一期IHP计划（1975—1980）突出了与水资源综合利用、水资源保护等有关的生态、经济和社会各方面的研究；第二期IHP计划（1981—1983）强调了水资源与环境关系的研究；第三期IHP计划（1984—1989）则研究"为经济和社会发展合理管理水资源的水文学和科学基础"，强调水文学与水资源规划与管理的联系，力求有助于解决世界水资源问题。

联合国地区经济委员会、粮农组织、世界卫生组织（WHO）、联合国环境规划署（UNEP）等都制定了配合水资源评价活动的内容。水资源评价成为一项国际协作的活动。

1977年，联合国在阿根廷马尔德普拉塔召开的世界水会议上，第一项决议中明确指出：没有对水资源的综合评价，就谈不上对水资源的合理规划和管理。要求各国进行一次专门的国家水平的水资源评价活动。联合国教科文组织在制订水资源评价计划（1979—1980）中，提出的工作有：制定计算水量平衡及其要素的方法，估价全球、大洲、国家、地区和流域水资源的参考水平，确定水资源规划和管理的计算方法。

1983年，第九届世界气象会议通过了世界气象组织和联合国教科文组织的共同协作项目：水文和水资源计划。它的主要目标是保证水资源量和质的评价，对不同部门毛用水量和经济可用水量的前景进行预测。

1983年，国际水文科学协会修改的章程中指出：水文学应作为地球科学和水资源学的一个方面来对待，主要任务是解决在水资源利用和管理中的水文问题，以及由于人类活动引起的水资源变化问题。

1987 年 5 月，在罗马由国际水文科学协会和国际水力学研究会共同召开的 "水的未来：水文学和水资源开发展望" 讨论会，提出水资源利用中人类需要了解水的特性和水资源的信息，人类对自然现象的求知欲将是水文学发展的动力。

因此可以认为，水文与水资源学，不但研究水资源的形成、运动和赋存特征，以及各种水体的物理化学成分及其演化规律，而且研究如何利用工程措施，合理有效地开发、利用水资源并科学地避免和防治各种水环境问题的发生。在这个意义上可以说，水文与水资源学研究的内容和涉及的学科领域，较水文学还要广泛。

前已述及，水资源是与人类生活、生产及社会进步密切相关的淡水资源，也可以理解为大陆上由降水补给的地表和地下的动态水量，可分别称为地表水资源和地下水资源。因此，水文与水资源学和人类生活及一切经济活动密切相关，如制订流域或较大地区的经济发展规划及水资源开发利用，抑或一个大流域的上中下游各河段水资源利用和调度以及工程建设都需要水文与水资源学方向的确切资料。一个违背了水文与水资源规律的流域或地区的规划、工程及灌区管理都将导致难以弥补的巨大损失。

第二节　水文与水资源的基本特征及研究方法

一、水文与水资源的基本特征

（一）时程变化的必然性和偶然性

水文与水资源的基本规律是指水资源（包括大气水、地表水和地下水）在某一时段内的状况，它的形成都具有其客观原因，都是一定条件下的必然现象。但是，从人们的认识能力来讲，和许多自然现象一样，由于影响因素复杂，人们对水文与水资源发生多种变化的前因后果的认识并非十分清楚。故常把这些变化中能够做出解释或预测的部分称之为必然性。例如，河流每年的洪水期和枯水期、年际的丰水年和枯水年，地下水位的变化也具有类似的现象。由于这种必然性在时间上具有年的、月的甚至日的变化，故又称之为周期性，相应地分别称之为多年期间、月的或季节性周期等。而将那些还不能做出解释或难以预测的部分，称之为水文现象或水资源的偶然性的反映。任一河流不同年份的流量过程不会完全一致；地下水位在不同年份的变化也不尽相同，泉水流量的变化有一定差异。这种反映也可称之为随机性，其规律要由大量的统计资料或长系列观测数据分析。

（二）地区变化的相似性和特殊性

相似性，主要指气候及地理条件相似的流域，其水文与水资源现象则具有一定的相似性，湿润地区河流径流的年内分布较均匀，干旱地区则差异较大；表现在水资源形成、分布特征也具有这种规律。

特殊性，是指不同下垫面条件产生不同的水文和水资源的变化规律，如河谷阶地和黄土原区地下水赋存规律不同。

（三）水资源的循环性、有阳性及分布的不均一性

水是自然界的重要组成物质，是环境中最活跃的要素。它不停地运动且积极参与自然环境中一系列物理的、化学的和生物的过程。

水资源与其他固体资源的本质区别在于其具有流动性，它是在水循环中形成的一种动态资源，具有循环性。水循环系统是一个庞大的自然水资源系统，水资源在开采利用后，能够得到大气降水的补给，处在不断地开采、补给和消耗、恢复的循环之中，可以不断地供给人类利用和满足生态平衡的需要。

在不断的消耗和补充过程中，在某种意义上水资源具有"取之不尽"的特点，恢复性强。可实际上全球淡水资源的蓄存量是十分有限的。全球的淡水资源仅占全球总水量的2.5%，且淡水资源的大部分储存在极地冰帽和冰川中，真正能够被人类直接利用的淡水资源仅占全球总水量的0.796%。从水量动态平衡的观点来看，某一期间的水量消耗量接近于该期间的水量补给量，否则将会破坏水平衡，造成一系列不良的环境问题。可见，水循环过程是无限的，水资源的蓄存量是有限的，并非用之不尽、取之不竭。

水资源在自然界中具有一定的时间和空间分布。时空分布的不均匀是水资源的又一特性。全球水资源的分布表现为大洋洲的径流模数为51.0 L／（s·km²），亚洲为10.5 L／（s·km²），最高的和最低的相差数倍。

我国水资源在区域上分布不均匀。总的说来，东南多、西北少，沿海多、内陆少，山区多、平原少。在同一地区中，不同时间分布差异性很大，一般夏多冬少。

（四）利用的多样性

水资源是被人类在生产和生活中广泛利用的资源，不仅广泛应用于农业、工业和生活，还用于发电、水运、水产、旅游和环境改造等。在各种不同的用途中，有的是消耗用水，有的则是非消耗性或消耗很小的用水，而且对水质的要求各不相同。这是使水资源一

水多用、充分发展其综合效益的有利条件。

此外，水资源与其他矿产资源相比，一个最大的区别是：水资源具有既可造福于人类，又可危害人类生存的两重性。

水资源质、量适宜，且时空分布均匀，将为区域经济发展、自然环境的良性循环和人类社会进步做出巨大的贡献。水资源开发利用不当，又可制约国民经济发展，破坏人类的生存环境。如水利工程设计不当、管理不善，可造成垮坝事故，也可能引起土壤次生盐碱化。水量过多或过少的季节或地区，往往又产生各种各样的自然灾害。水量过多容易造成洪水泛滥，内涝渍水；水量过少容易形成干旱、盐渍化等自然灾害。适量开采地下水，可为国民经济各部门和居民生活提供水源，满足生产、生活的需求。无节制、不合理地抽取地下水，往往引起水位持续下降、水质恶化、水量减少、地面沉降，不仅影响生产发展，而且严重威胁人类生存。正是由于水资源利害的双重性质，在水资源的开发利用过程中尤其强调合理利用、有序开发，以达到兴利除害的目的。

二、水文与水资源学的研究方法

水文现象的研究方法，通常可分为以下三种，即成因分析法、数理统计法和地区综合法。在这些方法基础上随着水资源的研究不断深入，要求利用现代化理论和方法识别、模拟水资源系统，规划和管理水资源，保证水资源的合理开发、有效利用，实现优化管理、可持续利用。经过近几十年多学科的共同努力，在水资源利用和管理的理论和方法方面取得了明显进展，主要为：

（一）水资源模拟与模型化

随着计算机技术的迅速发展以及信息论和系统工程理论在水资源系统研究中的广泛应用，水资源系统的状态与运行模型模拟已成为重要的研究工具。各类确定性、非确定性、综合性的水资源评价和科学管理数学模型的建立与完善，使水资源的信息系统分析、供水工程优化调度、水资源系统的优化管理与规划成为可能，加强了水资源合理开发利用、优化管理的决策系统的功能和决策效果。

（二）水资源系统分析

水资源动态变化的多样性和随机性、水资源工程的多目标性和多任务性、河川径流和地下水的相互转化、水质和水量相互联系的密切性，以及水需求的可行方案必须适应国民经济和社会的发展，使水资源问题更趋复杂化，它涉及自然、社会、人文、经济等各个方面。因此，在对水资源系统分析过程中更注重系统分析的整体性和系统性。在多年来的水资源规划过程中，研究者应用线性规划、动态规划、系统分析的理论力图寻求目标方程的优化解。总的来说，水资源系统分析正向着分层次、多目标的方向发展与完善。

（三）水资源信息管理系统

为了适应水资源系统分析与系统管理的需要，目前已初步建立了水资源信息分析与管理系统，主要涉及信息查询系统、数据和图形库系统、水资源状况评价系统、水资源管理与优化调度系统等。水资源信息管理系统的建立和运行，提高了水资源研究的层次和水平，加速了水资源合理开发利用和科学管理的进程。水资源信息管理系统已经成为水资源研究与管理的重要技术支柱。

（四）水环境研究

人类大规模的经济和社会活动对环境和生态的变化产生了极为深远的影响。环境、生态的变异又反过来引起自然界水资源的变化，部分或全部地改变原来水资源的变化规律。人们通过对水资源变化规律的研究，寻找这种变化规律与社会发展和经济建设之间的内在关系，以便有效地利用水资源，使环境质量向着有利于人类当今和长远利益的方向发展。

第三节　世界和中国水资源概况

一、世界水资源概况

从表面上来看，地球上的水量是非常丰富的。地球71%的面积被水覆盖，其中97.5%是海水。如果不算两极的冰层、地下冰等，人们可以得到的淡水只有地球上水的很小一部分。此外，有限的水资源也很难再分配，巴西、俄罗斯、中国、加拿大、印度尼西亚、美国、印度、哥伦比亚和刚果（金）9个国家已经占去了这些水资源的60%。从未来的发展趋势看，由于社会对水的需求不断增加，而自然界所能提供的可利用的水资源又有一定的限度，突出的供需矛盾使水资源已成为国民经济发展的重要制约因素，主要表现在如下两方面：

（一）水量短缺严重，供需矛盾尖锐

随着社会需水量的大幅度增加，水资源供需矛盾日益突出，水量短缺现象非常严重。

全球已有 1/4 的人口面临着一场为得到足够的饮用水、灌溉用水和工业用水而展开的争斗。

（二）水源污染严重，"水质型缺水"突出

随着经济、技术和城市化的发展，排放到环境中的污水量日益增多。由于人口的增加和工业的发展，排出的污水量也在日益增加。

水源污染造成的"水质型缺水"，加剧水资源短缺的矛盾和居民生活用水的紧张和不安全性。由于欧洲约有 70% 的人口居住在城市，而城市把大量的废物倾入大江大河，因此，通过供水管道流到居民家中的水的质量每况愈下。东欧的形势非常严峻，大多数的自来水已被认为不宜饮用。由于工业废物的倾入，河流受污染严重，水环境的污染已严重制约国民经济的发展和人类的生存。

二、我国水资源的概况

（一）我国水资源基本国情

我国地域辽阔，国土面积达 960 万 km^2。由于处于季风气候区域，受热带、太平洋低纬度上空温暖而潮湿气团的影响以及西南的印度洋和东北的鄂霍茨克海的水蒸气的影响，东南地区、西南地区及东北地区可获得充足的降水量，使我国成为世界上水资源相对比较丰富的国家之一。

我国在每公顷平均所占有径流量方面不及巴西、加拿大、印度尼西亚和日本。上述结果表明，仅从表面上来看，我国河川总径流量相对还较丰富，属于丰水国，但我国人口和耕地面积基数大，人均和每公顷平均径流量相对要小得多，居世界第 80 位之后。另外，我国地下水资源量估计约为 800 km^3，由于地表水和地下水的相互转化，扣除重复部分，我国水资源总量约为 2800 km^3。按人均与每公顷平均水资源量进行比较，我国仍为淡水资源贫乏的国家之一。这是我国水资源的基本国情。

（二）我国水资源的特征

1. 水资源空间分布特点

（1）降水、河流分布的不均匀性

我国水资源空间分布的特征主要表现为：降水和河川径流的地区分布不均，水土资源组合很不平衡。一个地区水资源的丰富程度主要取决于降水量的多寡。根据降水量空间的

丰度和径流深度将全国地域分为 5 个不同水量级的径流地带，如表 1-1 所示。径流地带的分布受降水、地形、植被、土壤和地质等多种因素的影响，其中降水影响是主要的。由此可见，我国东南部属丰水带和多水带，西北部属少水带和缺水带，中间部分及东北地区则属于过渡带。

表 1-1 我国径流带、径流深区域分布

径流带	年降水量（mm）	径流深（mm）	地　区
丰水带	1600	≥900	福建省和广东省的大部分地区、台湾省的大部分地区、江苏省和湖南省的山地、广西壮族自治区南部、云南省西南部、西藏自治区的东南部
多水带	800~1600	200~900	广西壮族自治区、四川省、贵州省、云南省、秦岭—淮河以南的长江中游地区
过渡带	400~800	50~200	黄淮平原、山西省和陕西省的大部、四川省西北部和西藏自治区东部
少水带	200~400	10~50	东北西部、内蒙古自治区、宁夏回族自治区、甘肃省、新疆维吾尔自治区北部和西部、西藏自治区西部
缺水带	<200	<10	内蒙古自治区西部地区和准噶尔、塔里木、柴达木三大盆地以及甘肃省北部的沙漠区

我国又是多河流分布的国家，流域面积在 100 km² 以上的河流就有 5 万多条，流域面积在 1000 km² 以上的有 1500 条。在数万条河流中，年径流量大于 7.0 km³ 的大河流 26 条。我国河流的主要径流量分布在东南和中南地区，与降水量的分布具有高度一致性，说明河流径流量与降水量之间的密切关系。

（2）地下水天然资源分布的不均匀性

作为水资源的重要组成部分，地下水天然资源的分布受地形及其主要补给来源降水量的制约。我国是一个地域辽阔、地形复杂、多山分布的国家，山区（包括山地、高原和丘陵）约占全国面积的 69%，平原和盆地约占 31%。地形特点是西高东低，定向山脉纵横交织，构成了我国地形的基本骨架。北方分布的大型平原和盆地成为地下水储存的良好场所。东西向排列的昆仑山—秦岭山脉，成为我国南北方的分界线，对地下水天然资源量的区域分布产生了重大的影响。

另外，年降水量由东南向西北递减所造成的东部地区湿润多雨、西北部地区干旱少雨的降水分布特征，对地下水资源的分布起到重要的控制作用。

地形、降水上分布的差异性，使我国不仅地表水资源表现为南多北少的局面，而且地下水资源仍具有南方丰富、北方贫乏的空间分布特征。

上述是地下水资源在数量上的空间分布状态。就储存空间而言，地下水与地表水存在着较大的差异。

由于沉积环境和地质条件的不同，各地不同类型的地下水所占的份额变化较大。孔隙水资源量主要分布在北方，占全国孔隙水天然资源量的65%。尤其在华北地区，孔隙水天然资源量占全国孔隙水天然资源量的24%以上，占该地区地下水天然资源量的50%以上。而南方的孔隙水仅占全国孔隙水天然资源量的35%，不足该地区地下水天然资源量的1/8。

我国碳酸盐岩出露面积约125万km²，约占全国总面积的13%。加上隐伏碳酸盐岩，总的分布面积可达200万km²。碳酸盐岩主要分布在我国南方地区，北方太行山区、晋西北、鲁中及辽宁省等地区也有分布，其面积占全国岩溶分布面积的1/8。

我国碳酸盐类岩溶水资源主要分布在南方，南方碳酸盐类岩溶水天然资源量约占全国碳酸盐类岩溶水天然资源量的89%，特别是西南地区，碳酸盐类岩溶水天然资源量约占全国碳酸盐类岩溶水天然资源量的63%。北方碳酸盐类岩溶水天然资源量占全国碳酸盐类岩溶水天然资源量的11%。

我国山区面积约占全国碳酸盐类面积的2/3，在山区广泛分布着碎屑岩、岩浆岩和变质岩类裂隙水。基岩裂隙水中以碎屑岩和玄武岩中的地下水相对较丰富，富水地段的地下水对解决人畜用水具有重要意义。我国基岩裂隙水主要分布在南方，其基岩裂隙水天然资源量约占全国基岩裂隙水天然资源量的73%。

我国地下水资源量的分布特点是南方高于北方，地下水资源的丰富程度由东南向西北逐渐减少。另外，由于我国各地区之间社会经济发达程度不一，各地人口密集程度、耕地发展情况均不相同，使不同地区人均、单位耕地面积所占有的地下水资源量具有较大的差别。

我国地下水天然资源及人口、耕地的分布，决定了全国各地区人均和每公顷耕地平均地下水天然资源量的分配。地下水天然资源占有量分布的总体特点：华北、东北地区占有量最小，人均地下水天然资源量分别为351m³和545m³，平均每公顷地下水自然资源量分别为3420m³和3285m³；东南及中南地区地下水总占有量仅高于华北、东北地区，人均占有地下水天然资源量为全国平均水平的73%；地下水天然资源占有量最高的是西南和西北地区，西南地区的人均占有地下水天然资源量约为全国平均水平的2倍，平均每公顷地下水天然资源量为全国平均水平的2.7倍。

2. 水资源时间分布特征

我国的水资源不仅在地域上分布很不均匀，而且在时间分配上也很不均匀，无论年际或年内分配都是如此。造成时间分布不均匀的主要原因是受我国区域气候的影响。

我国大部分地区受季风影响明显，降水年内分配不均匀，年际变化大，枯水年和丰水年连续发生。

我国最大年降水量与最小年降水量之间相差悬殊。南部地区最大年降水量一般是最小年降水量的 2~4 倍，北部地区则达 3~6 倍。降水量的年内分配也很不均匀，由于季风气候，我国长江以南地区由南往北雨季为 3—6 月和 4—7 月，降水量占全年的 50%~60%。长江以北地区雨季为 6—9 月，降水量占全年的 70%~80%。

正是由于水资源在地域上和时间上分配不均匀，造成有些地方或某一时间内水资源富余，而另一些地方或时间内水资源贫乏。因此，在水资源开发利用、管理与规划中，水资源时空的再分配将成为克服我国水资源分布不均和灾害频繁状况，实现水资源最大限度有效利用的关键内容之一。

第四节　　新时期发挥水文工作的资源性功能

我国社会发展速度不断加快，人们需要获得更好的服务，要求不同领域完善服务功能，提高社会服务能力。水文工作作为一个重要的服务领域，是开展水利施工的前提，逐渐得到了越来越多的重视。随着我国各项服务事业的完善，城市需要增强水文工作服务功能，构建系统服务体系，促进城市建设水平的提升，做好水文预报服务。通过水文服务工作，人们可以掌握城市水文情况，增强水文管理工作。

一、做好水文工作数字化和信息化，为水利信息化打下基础

水文领域需要做好信息的沟通交流，水文工作的开展需要气象部门和地质部门进行协助。同时，水文工作可以服务于不同行业，工作内容包括预报雨水信息、汛情和旱情、水环境预报等。水文数字化是指将水文信息实现数字化传输。目的是运用先进数据，增强水文监测预报水平，主要方法是构建数字水文观测站，从而使水文信息更好地服务于社会。

第一，水文信息要使用先进技术进行采集、整理、传输和分享，实现自动化和数字化。构建可以进行信息分享以及数据处理的水文系统，打造数字化控制系统，可以更好地对洪水做好监测，并进行准确的预报，使水文信息变得可视化，完成防汛预报、水环境调

控和监测等功能，还可以自动化搜集水文信息。

第二，水文工作普遍运用先进的信息技术，使水文工作实现了信息化转变，提高了服务质量。我国已经成立了水文信息资源管理部门，主要管理内容有河道水文数据、水文变化数据和水质数据等。同时，我国还开发了水文信息管理软件，可以针对水文数据和水资源数据进行更好的处理，起到监测水质、做好水文预报及水资源规划等工作，并且还能将水文信息在网络上对社会大众进行分享，从而将水文信息真正服务于人民，实现水文现代化发展。所以，只有水文工作实现数字化及信息化，才可以真正促进水利信息化发展。

二、增强水文工作公益服务功能，做好防汛抗旱和水资源管理

水文工作主要的职责是防汛抗旱，具有很高的社会效益，同时潜在效益也非常明显。新时期，水文工作需要做好社会服务方面的公益功能，及时将水文数据向社会大众公开，并提供准确的防汛决策、水文监测信息和水质变化信息。当前，需要加强水文工作社会服务化和公益程度，并和气象部门、水文地质部门做好沟通。目前，水文工作已经实现了自动化监测和预报，预报质量有了显著提升，但水文信息化和数字化水平仍然需要提高。在洪水防汛过程中，水文工作起到了重要作用，但针对水资源管理和水环境监督方面需要进一步提高。

现在，我国的水资源管理工作中，水文工作起到了监测水质的功能，并有了自动化观测站，可以随时跟踪排污设备的运行。我国目前面临严重缺水，人均的水资源占有量远远低于世界平均水平。我国大部分城市中，都存在缺水的情况，很多城市出现了严重缺水，缺水总量是非常惊人的，因此水资源形势非常严峻。在水资源缺乏和水污染严重的困境下，我国城市水文工作需要依据相应原则开展工作：水文工作要做到社会化和公益化服务，将现代化和自动化技术作为发展基础，基本功能是防汛抗旱，发展目标是水文信息化及数字化，并对水文资料做好整理，从而开展水资源管理和环境评估工作。因此，做好水文现代化建设，可以运用先进技术提高水文监测水平，做好防汛抗旱服务，并更好地进行水资源监督、水环境监察和评价工作。

三、做好水文深度研究，为生态建设和水文管理提供决策和监督

在信息化发展背景下，我国水利部门确定了现代化的水资源管理思路，指出要转变观念，将水利转变为现代化、可持续化发展，构建人与自然和谐相处的水利环境，推动水资源可持续使用，推动社会发展更加注重环保和节约，并运用信息化技术促进水利工程的现代化。

事实上，水文工作具有的防汛抗旱功能和水利建设服务功能都是单一功能，而且水文工作还具有服务社会大众的一面，因此必须对水文资料做好深度加工，更好地提升水文服务功能，扩大水文工作的服务范围，而且在做好水文信息分享的前提下，还要为其他领域提供相关的决策信息。比如，为水库调度工作和水质监测提供协助。

（一）水库调度

水文工作中，相关人员要根据气象部门的预报情况，对工作内容进行调整，还要依据气象条件，对水文变化情况做好判断，及时采取措施避免洪水灾害。并且，水文部门还要分析天气预报情况，对水库调度方案进行优化，发挥水库自身保护功能，只有采取优化调度方法，才能使水库保护作用得以发挥，起到调节水文变化的效果。水库管理人员要根据天气条件，对水位的位置进行调节，使水库能够更好度过汛期，并结合水文工作，促进城市水利工程施工水平提高。

（二）水质监测

水文工作除了要监测水文改变情况，还要做好水质监测和监督，保持水质的干净，防止水资源发生污染。当发现河段中出现水污染，要将水污染程度准确地反映出来，并及时反馈给政府部门，采取有效措施避免污染加重。

在我国社会发展过程中，个别人只顾经济利益，忽视了环境保护的重要性，对水资源和生态环境造成了污染。在这种情况下，为了做好生态保护和现代化水资源管理，水文工作需要做到以下几点：一是使用同位素技术，对空间水、地表水和地下水的变化规律进行研究，并且分析自然环境中需要维持的最低水量；二是要将生态环境建设作为重点内容，对恢复流域生态需要的水量进行计算，从而根据结果设置流域水量；三是现代水资源管理中，要转变水文工作观念，基于水文信息化发展，做好水利信息化和现代化；四是水文工作除了要发挥基础功能外，还要为现代化水资源管理做好决策信息支持，比如，论证工程施工期间生态和环境信息，评价水资源信息，对地理地貌信息进行评估。水文工作要想提升，需要得到社会的大力支持，这是一种相互依赖、相互服务的良性关系。

水文工作现代化过程中，除了做好水文服务基本功能外，还要加强水文工作社会服务功能进，提高水文工作预报水平，并做好水文数据深度处理，既可以提供水文信息，又可以作为决策支持。水文工作需要更好地服务于社会，做好公益化，并增强水文自动化监测水平，推动水文信息化和数字化程度，从而使水文工作发挥出更大的社会效益。

第二章 水文水资源监测及设备

水资源监测是水资源管理中一项不可或缺的基础性工作，是实行最严格水资源管理制度的基本前提和技术支撑。我国的水资源监测工作还比较薄弱，尚未形成以水资源监测、计量为基础，水资源信息管理与服务为支撑的较为完整的水资源监测系统，与实施最严格水资源管理制度要求差距较大。为此，在已有的水文站网基础上，应加强省界等重要控制断面、水功能区和地下水的水量水质监测能力建设，加强取水、排水、入河湖排污口计量监控设施建设，抓紧制定水资源监测、用水计量与统计等管理办法和相关技术标准，健全水资源监测体系，以此作为支撑实行最严格水资源管理制度的重要保障措施。

第一节 水资源监测的基本内容与意义

一、水资源监测的基本内容

根据联合国教科文组织和世界气象组织 1988 年的定义，水资源是指可供利用或有可能被利用，具有足够数量和可用质量，并可适合某地对水的需求而能长期供应的水源，其补给来源主要为大气降水。与此相应，水资源监测则是对水资源的数量、质量、分布状况、开发利用保护现状进行定时、定位分析与观测的活动。由于水资源管理、调度和优化配置涉及城乡生活和工业供水、农业灌溉、发电、防洪和生态环境等诸多方面，以及上下游、左右岸、地区之间、部门之间的调度，因此，我国的水资源管理涉及面广、问题复杂，管理难度很大，与之相应的水资源监测同样是问题复杂、难度大。

我国现阶段的水资源监测主要包括自然河道（湖泊）、输水渠道的行政区界、主要取用水户（口）、地下水，以及供水水源地与供水管道、入河（湖）排污口等的监测，监测要素主要有水量、水位、水质、水温等。水资源实时监测系统信息主要包括以下三部分信息资源：

（一）水资源信息

包括降水量、蒸发量、水位、流量、取水量、用水量、排（退）水量、水厂的进出厂水量、地下水开采量、水质等监测要素。

（二）水资源工程信息

包括泵站、闸门、水电站等水利工程运行的闸位，闸门、泵站、工程机械启动停止信息，管道内压力等信息。

（三）水资源远程监测信息

包括对河流断面、水源地、水厂、污水处理厂、渠道、涵闸和取排（退）水口等重要对象，实施远距离的视频监视信息；采用手工、半自动和自动等手段对重要闸门、水泵实施控制运行及运行后的反馈信息。

但是，并不是所有的水资源监测系统都具有采集以上所有信息的功能，水资源监测的核心是流量、总水量、水位、水质、降水、蒸发、水温等信息。而水资源工程信息和水资源远程控制信息则是水资源监测系统建设中实现水资源自动化监测所必需的信息资源，所以在水资源监测系统建设中包含了上述三方面的信息资源。

需要指出的是，目前国内外有一些学者提出水资源应包括三个部分：地表水资源、地下水资源和土壤水资源。但由于土壤水易蒸发或转换为地下水，在传统的水资源监测与评价中，并未将土壤水作为水资源监测与评价的一部分，在实际工作中，土壤水分监测主要作为旱情监测的内容。

二、水资源监测的意义

水资源在自然界中不断地进行着循环往复，但其总量是有限的，且受到气候和地理条件的影响，不同地区的水资源量相差很大，即便是在同一地区，也存在年内和年际变化。如北非和中东很多国家（埃及、沙特阿拉伯等）降雨量少、蒸发量大，导致径流量很小，人均及单位面积土地的淡水资源拥有量非常少；相反，冰岛、印度尼西亚等国家，以每公顷土地计的径流量比贫水国家高出 1000 倍以上。在我国，水资源分布的特点是南多北少，且降水大多集中在夏秋两季中的三四个月里。由于水资源的不可替代性和用途的多样性，包括生态系统在内的各用水环节，在利用水资源时往往会出现各种矛盾（如不同地区、部门之间争夺水资源的使用权，单一用水部门的水资源需求与供给的矛盾等），为了妥善解决用水矛盾，协调人类社会不同用水地区、部门之间以及人类社会和生态系统之间的水量分配，在促进人类社会发展的同时，为实现人与自然和谐发展的目标，保证水资源可持续利用，就需要对水资源进行监测，为水资源评价、保护、规划和管理等工作提供科学依据，使水资源开发利用尽可能满足和发挥出更大的社会效益、经济效益和生态效益。

通过下面收集的水资源评价、水资源保护、水资源规划、水资源管理的内容概述，可以看出水资源监测工作的意义和重要性。

1. 水资源评价是对一个国家或地区的水资源数量、质量、时空分布特征和开发利用情况做出的分析和评估。它是保证水资源可持续利用的前提，是进行与水相关的活动的基础，是为国民经济和社会发展提供供水决策的依据。水资源评价工作最早见于 19 世纪中期美国对俄亥俄河和密西西比河的河川径流量进行的统计。经过一百多年的发展，水资源评价工作已经得到了长足的发展，评价方法也在不断完善。水资源评价工作已经从早期只统计天然情况下河川径流量及其时空分布特征，发展到目前以水资源工程规划设计所需要的水文特征值计算方法及参数分析、水资源工程管理及水源保护等，特别是对水资源供需情况的分析和预测，以及在此基础上的水资源开发前景展望为主要内容的新阶段。此外，对水资源开发利用措施的环境影响评价，也正在成为人们关注的新焦点。

2. 水资源保护是通过行政、法律、工程、经济等手段，保护水资源的质量和供应，防止水污染、水源枯竭、水流阻塞和水土流失，以尽可能地满足经济社会可持续发展对水资源的需求。水资源保护包括水量保护与水质保护两个方面。在水量保护方面，应统筹兼顾、综合利用、讲求效益，发挥水资源的多种功能，注意避免过量开采和水源枯竭，同时，还要考虑生态保护和环境改善的用水需求。在水质保护方面，应防止水环境污染和其他公害，维持水质的良好状态，特别要减少和消除有害物质进入水环境，加强对水污染防治的监督和管理。总之，水资源保护的最终目的是为了保证水资源的永续利用，促进人与自然的协调发展，并不断提高人类的生存质量。

3. 水资源规划是以水资源利用、调配为对象，在一定区域内为开发水资源、防治水患、保护生态系统、提高水资源综合利用效益而制订的总体计划与措施安排。水资源规划旨在合理评价、分配和调度水资源，支持经济社会发展，改善环境质量，以做到有计划地开发利用水资源，使经济发展与自然生态系统保护相互协调。水资源规划的主要内容包括水资源量与质的计算与评估、水资源功能的划分与协调、水资源的供需平衡分析与水量科学分配、水资源保护与灾害防治规划以及相应的水利工程规划方案设计及论证等。

4. 水资源管理是指对水资源开发、利用和保护的组织、协调、监督和调度等方面的实施，是水资源规划方案的具体实施过程。水资源管理是水行政主管部门的重要工作内容，旨在科学、合理地开发利用水资源，支持经济社会发展，保护生态系统，以达到水资源开发利用、经济社会发展和生态系统保护相互协调的目标。水资源管理内容主要包括：运用行政、法律、教育等手段，组织开发利用水资源和防治水害；协调水资源的开发利用与经济社会发展之间的关系，处理各地区、用水部门间的用水矛盾；制订水资源的合理分配方案，处理好防洪和兴利的调度，提出并执行对供水系统及水源工程的优化调度方案，对来水量变化及水质情况进行监测，并对相应措施进行管理；等等。

第二节　水资源监测与传统水文监测的主要差异

水文学是研究存在于地球大气层中和地球表面以及地壳内的各种水运动现象的发生和发展规律及其内在联系的学科，为地球水循环演变、相互转换关系提供科学依据，属于自然科学的地理科学范畴。应用水文学是运用水文学及有关学科的理论与方法，研究解决各种实际水文问题的途径和方法，为工程建设和生产提供水文数据参数、分析评价、预测预报服务的专门学科，属于水利工程学科，其监测信息主要服务涉水工程建设、防汛抗旱指挥、水资源管理、水环境与水生态保护、水工程调度等。相应的水文监测，是指基于水文站网开展的水文要素观测或调查，以及收集、测量水文相关资料的作业。

水资源监测从狭义上来讲，是对水资源的数量、质量、分布状况、开发利用保护现状进行定时、定位分析与观测的活动。从广义上来讲，就是对自然水循环和社会水循环过程中水文要素进行监测。自然水循环方面主要包括降水、蒸发、地表径流、土壤水、地下水等监测，社会水循环方面主要包括对供、取、耗、排用水过程进行监测。从学科上来看，水资源监测更多属于应用科学，它不仅要监测或知道自然水循环水量，而更多关注的是（当水具有商品属性时）其量、质变化过程，因而具有很强的社会属性。

一、站网布设的原则不尽相同

传统水文监测主要以河流水系为基础进行水文站网布设，遵循流域与区域相结合、区域服从流域的基本原则，并根据测站集水面积、地理位置及作用不同进行分类布设，主要体现在河流一条线上，是以流域水系控制为主。而水资源监测站网布设，除水文监测外，还涉及取用水、地下水等，由仅涉及河流的一条线扩展到涉及工农业、城市、乡村的面，是以区域控制为主。

水资源监测站网主要以能监控行政区域水资源量，满足以行政区域为单元的水资源管理需要为原则。

1. 有利于水量水质同步监测和评价的原则。在行政区界、水功能区界、入河排污口等位置应布设监测或调查站点。

2. 区域水平衡原则。根据区域水平衡原理，以水平衡区为监测对象，观测各水平衡要素的分布情况。

3. 区域总量控制原则。应能基本控制区域产、蓄水量，实测水量应能控制区域内水资源总量的70%以上。

4. 充分利用现有国家基本水文站网原则。若国家基本水文站网不能满足水量控制要求时，应增加水资源水量监测专用站。

5. 有利于水资源调度配置原则。在有水资源调度配置要求的区域，应在主要控制断面、引（取、供）水及排（退）水口附近布监测站点。

6. 实测与调查分析相结合的原则。设站困难的区域，可根据区域内水文气象特征及下垫面条件进行分区，选择有代表性的分区设站监测，通过水文比拟法，获得区域内其他分区的水资源水量信息；也可通过水文调查或其他方法获取水资源水量信息。

二、站网布设的目的要求不尽相同

常规水文站网（流量站网）设站时以收集设站地点的基本水文资料为目的，主要是为防汛提供实时水情资料，通过长期观测，实现插补延长区域内短系列资料，利用空间内插或资料移用技术为区域内任何地点提供水资源的调查评价、开发和利用，水工程的规划、设计、施工，科学研究及其他公共所需的基本水文数据。常规水文测站一般需要设在具有代表性的河流上，以满足面上插补水文资料的要求，多布设在河流中部或河口处。

水资源监测站设立的主要目的是满足准确测算行政区域内的水资源量，满足以行政区划为区域的水量控制需要。监测站位置一般需要设在跨行政区界河流上、重要取用水户（口）、水源地等，以满足掌握行政区域水资源量的要求。

1. 在有水资源调度配置需求的河流上应布设水量监测站。

2. 在引（取、供）水、排（退）水的渠道或河道上应布设水量监测站、点。

3. 湖泊、沼泽、洼淀和湿地保护区应布设水量监测站。可在周边选择一个或几个典型代表断面进行水量监测。

4. 在城市供用水大型水源地应布设水量监测站。可结合水平衡测试要求，布设水资源水量监测站，以了解重要及有代表性的供水企业或单位的用水情况。

5. 在对水量和水质结合分析预测起控制作用的入河排污口、水功能区界、河道断面应布设水资源水量监测站，以满足水资源评价和分析需要。

6. 在主要灌区的尾水处应布设水量监测站。

7. 在地下水资源比较丰富和地下水资源利用程度较高的地区应按要求布设地下水水量监测站，以掌握地下水动态水量。

8. 喀斯特地区，跨流域水量交换较大者，应在地表水与地下水转换的主要地点布设水资源水量专用监测站，或在雨洪时期实地调查。

9. 平衡区内配套的雨量站网和蒸发站网应满足水平衡分析的要求。

10. 大型水稻灌区应有作物蒸散发观测站，旱作区除陆面蒸发外还应进行潜水蒸发观测。

11. 大型水库、面积超过 30 万亩的大型灌区应具有水资源水量监测专用站。

三、监测要素和时效性要求不尽相同

常规的流量水文测站一般要求监测项目齐全，至少应包括雨量、水位、流量三个项目，有的还有蒸发、泥沙、水质和辅助气象观测项目等。传统的水文测验重点常常是洪水，对中小水特别是枯水的测验要求相对较低，频次较少，平、枯水测验成果误差相对较大。常规水文站网中，部分具有防汛功能的测站需要实时报送监测信息，其他测站一般不具有实时报送水文信息的需求。

水资源监测要素比常规的水文监测要素更广泛一些，但水资源监测的重点往往是流量，因此对平、枯水流量的测验精度和频次要求高，同时还需要考虑水量水质同步监测的需要，而对降水、蒸发、泥沙和气象等项目的测验要求相对较低。水资源监测要素还包括取水量、用水量、排（退）水量、水厂的进出厂水量、地下水开采量等信息，水利工程信息（如泵站、闸门、水电站等水利工程运行的闸位），闸门、泵站、工程机械启动停止信息，管道内压力信息，以及城市、工业的明渠管道输水测量等。除此以外，为了水资源管理调度，还需要远程监控水资源信息，对一些重要水利工程和水源地对象实施远距离的视频监视信息传输，采用手工、半自动和自动等手段对重要闸门、水泵实施控制运行，并需要控制运行后的反馈信息。

水资源监测对监测信息的实时性要求一般较高，要求测站具有实时向水行政主管部门及时报送监测信息的功能，其监测频次相对传统水文测验而言要求高，对监测仪器设备配置和信息自动传输功能要求高，所以应优先考虑能实现巡测和自动监测，并具有信息自动传输功能的设备配置。

四、监测控制要求不尽相同

（一）数据准确度要求

常规的水文流量测验，国家基本水文站按流量测验精度分为三类。其中流速仪法的测量成果可作为率定或校核其他测流方法的标准，其单次测量测验允许误差，一类精度的水文站总随机不确定度为5%~9%，二类精度的水文站总随机不确定度为6%~10%，三类精度的水文站总随机不确定度为8%~12%（总随机不确定度的置信水平为95%）。

上述水文测验的河流流量测量准确度要求已经是可能达到的最高要求，因此水资源河流流量测量的准确度要求应和水文测验要求相同。但水资源监测中的管道流量和部分渠道流量测量准确度要求可能高于河流流量测验要求。地下水开采流量也应用明渠和管道流量测量方法监测，能达到相应的准确度要求。为了达到较高的水资源流量监测准确度要求，对有些监测要素可能提出较高的准确度要求，如要求水位监测达到毫米级精度。此外，用于生活用水的水源地、取水口自然有较高的水质监测要求。对一些监测控制信息，也有较高的准确度和可靠性要求。

（二）传输控制要求

水资源管理系统需要传输有关图像，以监视现场。对需要控制运行的泵站、闸门等设施，要保证能可靠控制其运行，并不断监测其工作状况。这些要求和工作特性是完整的工业自动化远程监测控制系统所需要的，和一般的信息采集传输系统有所不同。

五、监测要素基本相同，但监测手段不同

目前，水文监测以驻站测验为主、巡测和自动监测为辅，流量测验不完全要求在线监测，主要监测明渠流量；而水资源监测以自动监测和巡测为主、驻测为辅，流量监测一般要求实现直接或间接的在线监测，除明渠流量监测外，还需对管流进行监测。需要时，还要结合调查统计方法，对取用水量进行调查统计，获取其相应水量。当然，从水资源监控系统建设来说，除对水资源的量质监测外，还需对水资源工程信息和远程控制信息进行监测，这些监测更多的是采用自动监测。

1. 明渠中的流量监测是间接测量，一般不能直接测得流量，而是通过测量水位、水深、断面起点距、流速等多个要素，然后用数学模型计算得到流量。因而流速、水位、水深、起点距成为直接的水资源监测要素。在明渠流量监测中，无论水文监测还是水资源监

测，其所需监测的要素相同，而水资源监测技术手段更趋向自动化。

2. 用于满管管道流量测量的管道流量计，可直接测得流量数据。用于非满管管道流量测量的管道流量测量设施，也属于间接测量，需要测量水位、流速，然后用数学模型计算得到流量。

3. 对于水库、湖泊，需要测量其蓄水量，有些河槽蓄水量也是水资源监测要素。监测水位后可以应用水位—库容关系等得到蓄水量。

4. 水质是水资源监测的重要要素，水质参数种类很多。对于河流水质，如饮用水源地水质、湖泊水库水质、地下水水质的必测项目和选测项目做了具体规定，都达到数十项之多，对一些特殊站点，还应加测一些项目。但常规检测并不完全分析全部项目。

5. 水温已被列入所有水质监测时的必测项目。水质监测中的悬浮物要素和水文测验中测得的悬移质泥沙含量接近，但没有明确两者关系。

需要指出的是，由于水资源监测工作起步较晚，其监测站网布设明显不足，监测手段仍然落后。但是总体来说，水资源监测与传统水文监测在水量和水质方面技术方法上是基本一致的，在监测技术标准制定、相关技术应用等方面主要依托传统水文监测的技术和方法。

第三节　水资源监测的基本要求和方法

一、水资源监测要素和基本技术要求

（一）水资源监测要素

水资源监测系统包括以下三部分信息资源：①水资源信息；②水资源工程信息；③水资源远程监控信息。

完整的水资源监测管理系统应包含以上各信息的监测、传输、控制和管理功能。按需要不同，各水资源监测系统具有不同的功能，监测传输不同的要素。

一般的水资源监测系统主要监测的水资源信息，包括河流、渠道、管道的流量和总水量，以及水位、水质、降水量、水面蒸发量、水温等主要信息。间接测量明渠中的流量时，除测量水位外，还须测量水深、断面起点距、流速等多个要素。为了监测总水量，需要监测流速、流量、水位、水深等要素随时间变化的过程。

需要监测的主要水资源工程信息包括闸位、水泵等工程机械启动停止信息，以及输水管道内压力等信息。

水资源远程监控信息包括现场监视图像信息的传输，以及采用手工、半自动和自动等手段对闸门、水泵实施现场和远程控制运行信息和运行后的反馈信息。

（二）水资源监测要素基本技术要求

1. 测量准确性要求

水资源监测系统监测水位、流速、流量的方法与水文测验、管道流量测量方法基本相同。在明渠中监测时，水资源监测的要求可能比一般水文测验高一些，在管道流量测验中，二者要求基本一致。水质、降水量、水面蒸发量、墒情的监测要求和水文、水环境监测要求基本相同。闸位的测量误差应不大于±2 cm。水资源工程信息中的压力、电量、水利机械工作状态等信息应达到工业自动化监测要求。

对一些主要水资源信息监测仪器的测量准确性要求：①明渠流量测量误差不大于5%，部分堰槽测流的流量测量允许误差为不大于8%；②管道流量测量误差不大于5%；③水位测量的误差不大于2‰量程，或不超过±2 cm；④水质参数的测量分析方法和最低检出限等要求应符合相关规定。

上述要求中，明渠流量测量误差要求较高。流速仪法的测量成果被认为是最准确的，可以作为其他测流方法的标准。但相对于一、二、三类精度的水文站，流速仪法单次流量测验的总随机不确定度也只在5%~12%范围内，置信水平为95%，只有一类精度水文站才可能达到5%的不确定度。堰槽流量测量误差取决于堰槽形状、使用条件和水位测量准确性，流量测量不确定度范围较大。

水位测量误差可以达到2‰水位量程的要求，如果用测针和高精度水位计测量，则可以达到1‰水位量程要求。地下水位测量误差与量程、地下水埋深有关，达不到目前国内规范的±1cm的要求。

管道流量测量主要应用工业管道流量计，只要选型正确，可以达到5%的不确定度要求。

2. 水资源监测设备环境要求

（1）室外设备：环境温度A类为-25~55 ℃，B类为-10~45 ℃；水体不能冰冻；相对湿度为95%；特殊环境下使用时，应对所用设备提出特殊要求。

（2）室内设备：环境温度为-10~40 ℃，室内水质仪器的环境温度不低于0 ℃，相对湿度不大于95%。

（3）水下设备应具有相应的耐压、密封性能和耐腐蚀性。

（4）应能适用于一般淡水水体，包括中水和一般污水。用于严重污染水体时，应注意所用设备的适用性。

（5）应按《外壳防护等级（IP 代码）》标准规定相应的外壳防护等级。

（6）有防雷电干扰要求的设备、在工业环境中应用的设备，应有电磁环境适用性要求。

其中的环境温度、湿度要求分为室外和室内两种应用环境，温度要求分为 A、B 两类，基本覆盖了国内各地区可能的环境条件。国际标准中对野外应用的水位测量设施的环境要求分为三级，其中一级温度要求是 $-30 \sim 55 \, ℃$、二级温度要求是 $-10 \sim 50 \, ℃$，和上述 A 类、B 类要求相当。国际标准一级湿度要求是 $5\% \sim 95\%$，和上述标准要求相当。总的来讲，国内要求是比较严的，但国际标准在湿度方面都要求适用于"凝露"环境，国内一般不明确这一要求。

其他环境要求都是应该注意的，但没有明确定量要求，如适用中水、污水是水资源监测设备所需要的。由于水资源监控需要在工业环境中运行，其防干扰、防雷电的要求有别于主要使用于野外、水体附近的水文仪器。

3. 水资源监测设备可靠性要求

水资源监测设备的可靠性应符合如下要求：

（1）用平均无故障工作时间（MTBF）来衡量自动测量连续工作设备的可靠性，单台设备的 MTBF 应大于 25 000 h。

（2）在线记录仪器的 MTBF 应大于 40 000 h。

（3）用可靠度来衡量间歇使用设备的可靠性，其可靠度 R（1000）应大于 0.95。

可靠性要求中的平均无故障工作时间和水文仪器相同，选择的等级数据要求是水文仪器中较高的。但水资源监测仪器具有很多类别，有些仪器设备可能达不到上述可靠性要求。

4. 其他技术要求

水资源监控设备应具有一定的防雷抗干扰的性能。由于使用场合、设备功能、地区的不同，对所用设备防雷性能要求的差别很大，应按实际情况确定防雷要求。安装在现场工作，尤其是连接通信传输设备时，水资源监控设备应有相应的外部和内部避雷措施，以保护传感器、通信设备、数据采集传输设备、记录设备，也应保护安装水资源监测设备的专用站房、设施等建筑。

用于水资源监测的流速、水深、降水、蒸发、墒情等测量仪器的性能应符合其相关标准要求。

二、水资源监测的方法分类

（一）明渠流量监测方法

明渠流量监测方法和常用水文监测方法相同，分为流速面积法、水力学法、示踪剂法和容积法。

流速面积法按测量流速的仪器和方法不同，可以分为：①测量点流速的流速面积法；②测量剖面流速的流速面积法；③测量表面流速的流速面积法。

水力学法测量流量分为：①堰槽法测流；②水工建筑物法测流；③比降法测流。

示踪剂法用于较小流量测量，国内基本不使用，但在国外仍有一定范围的应用。

以示踪剂投入的方法不同分为：①一次投入法；②恒定流量投入法。

容积法是指在部分潮汐影响河流河段内，用河道槽蓄量的变化推算潮流量的方法。

（二）管道流量监测方法

以流量测量原理区分，管道流量计分为：①流速面积法流量计；②体积法流量计。

还有文德利管、堰箱、涡街流量计、孔板等其他形式的流量计。

电磁流量计、声学流量计、流速仪流量计等测流属于流速面积法测量方法。部分水表属于体积法流量测量方法。文德利管、涡街流量计、孔板流量计也需要测量流速，但并不直接测得流速。

（三）水质测量方法

水质测量方法分为人工分析和仪器自动测量两种方法。仪器自动监测使用电极法自动测量仪器和在线自动水样分析仪器。

水温测量方法也分为人工测量和仪器自动测量两种方法。很多自动测量仪器中都带有水温传感器，可以自动测量水温，因此不必再单独进行水温测量。

（四）水位测量方法

人工测量水位仍是必须存在的方法，观读水尺得到水位，并校核自动测量的水位仪器。水位测针等水位计也需要人工操作。

自动测量水位是主要方法，各种水位计都可以长期自动测量水位。

（五）蓄水量、降水量、水面蒸发量监测方法

测量水库、蓄水池的蓄水量，一般都需测量水位，再由水位—库容关系推求水库和蓄水池的蓄水量。

采用各种雨量计测量降雨量，使用雨雪量计测量降雨量和降雪量，用雪量计测量降雪量。能适用于自动采集传输雨量数据的最常用仪器是翻斗式雨量计，称重式雨量计也开始投入使用。

三、水资源监测设备分类

（一）水资源监测设备的应用范围

水资源监测设备包括应用于地表水供水渠道（管道）、供水水源地、行政边界控制断面、主要取水处、入河（湖）排污口，以及地下水开采的来水、供水、用水、排水等水量、水质的监测、计量、记录设施等。

水资源监测设备包括水资源信息传输设备，还包括水资源工程监测设备和水量水质移动监测设备。

（二）水资源监测设备类别

应用流速面积法和水位—流量关系测量流量时，需要应用各种水位、流速、水深、起点距测量仪器。

直接测量流量的明渠流量计包括声学时差法明渠流量计、声学多普勒明渠流量计、明渠流速仪流量计和其他明渠流量计。

管道流量计包括声学时差法管道流量计、声学多普勒管道流量计、电磁流量计、涡街流量计、文德利管流量计、冷水水表和电子远传水表以及其他管道流量计。

水质自动监测仪器包括直接法水质测量仪和水质自动分析仪。

地下水监测仪器包括地下水位计、地下水流量测量设施和地下水水质测量仪器。水资源信息在线存储记录设备包括模拟画线记录设备、固态存储记录设备。

移动监测设备包括移动监测车（船）和移动监测仪器。

数据采集传输设备包括数据监控终端和通信设备。

水资源工程监控监测设备还包括水泵及阀门（闸门）控制装置、管道压力监测仪、电量监测仪等。

第四节　水资源监测信息的采集

一、水资源监测信息的采集方式

水资源监测信息的采集方式分为人工收集记录方式、自动监测记录方式、自动监测记录自动传输方式。人工收集记录方式分为驻站监测和巡测两种形式，巡测方式也被称为移动监测方式。一些水资源工程的泵站、闸门、阀门需要控制，这样的站点是监测监控站点。

（一）自动监测记录自动传输方式

仪器长期自动工作，定时自动监测、记录数据，并按要求定时或实时将测得数据自动传输到各级中心。适用于水位、流量、水质、闸位、水利工程运行等各项参数，但并不能在所有监测站点实施符合要求的自动监测自动传输方式。

（二）自动监测记录方式

监测站上的仪器自动监测、记录数据，记录数据由人工携带数据读取设备定期到现场收集，再由人工输入计算机。适用于水位、流量、水质、闸位、水利工程运行等各项参数，但也不能在所有监测站点实施符合要求的自动监测记录方式。

（三）人工监测方式

人工监测方式分为驻站监测和巡测两种形式。都需要测量人员在现场使用相应测量仪器测量记录数据，再由人工输入计算机。

二、站点的功能要求

（一）自动监测记录自动传输站的设备功能要求

1. 应具备的功能

（1）数据采集

能定时采集监测站的各项遥测参数，定时的时间间隔可以人为设置。

（2）数据记录

以固态存储方式在站记录测得的数据，可以在现场人工读取。

（3）数据传输

以定时自报方式自动将采集的数据通过通信网络发送到各级监测中心。

2. 宜具备的功能

（1）数据显示：可显示当前测得的数据及历史数据，显示仪器有关参数。

（2）存储数据读取方式：现场读取或远程自动传输读取。

（3）具有响应召测传输存储数据的功能，可以在中心站的要求下，发送存储数据。具有数据越限自动报警功能。

（4）人工置数功能：可以在现场向中心站发送人工置入的数据。

（5）具有电源告警功能和一定的故障自诊断功能。

（二）自动监测记录站的设备功能要求

1. 应具备的功能

（1）数据采集

能定时采集监测站的各项参数，时间间隔可以方便地人为设置。

（2）数据存储

以固态存储方式在站记录测得数据。

（3）可以现场设置参数

可应用便携式电脑或专用数据读取设备采集存储数据。

2. 宜具备的功能

（1）数据显示：可显示当前测得的数据及历史数据，显示仪器有关参数。

（2）需要时，输出数据的标准接口可以方便地与数传仪连接，自动传输数据，构成自动传输站点。

（三）巡测设备要求

1. 不管是用巡测车船装载，还是随身携带的巡测仪器设备，都应该便于携带。在野外，一般应能单人操作测量。

2. 常规测量用的仪器测得的数据应达到相应规范要求。

（四） 监测监控站点功能要求

监测监控站点除了监测水文信息外，还需要监测闸门、泵站、阀门、管道运行状况和水力机械内部压力、动力机械的电量参数，再根据运行控制要求，发出闸门的开启、关闭指令和泵站、阀门的开关指令，控制这些设施的运行。如果由这些站点的遥测终端机承担指令下达任务，那么此监测站应该具有控制功能。

三、水资源信息监测监控系统

水资源信息监测监控系统主要用于水资源信息自动传输采集，也用以对水资源工程的运行控制。

水资源信息自动监测系统的很多方面和水文自动测报系统基本相同，但也有一些地方不同。水资源信息监测系统监测的水位、流量、水质等水文信息和水文自动测报系统一致。但水资源信息还包括泵站、闸门、水电站等水利工程运行信息，包括现场图像信息。水资源管理中可能包含了对水资源工程的运行监测控制。水资源监控系统应用的遥测终端机具有控制功能，其输出接口包括控制指令的输出。水资源监测监控系统工作在野外和工业区内，需要注意工业环境的各种干扰。

（一） 系统的站点

水资源信息监测系统的站点和水文自动测报系统基本相同，可分为遥测站、中继站、中心站这三类站点，它们之间由通信信道传输信息。中心站和遥测站是每个系统必需的。由于大多使用公网通信，已很少使用超短波中继站。

1. 遥测站

在监控终端机的控制下，自动完成被测参数的采集，可以存储在内部，并通过配置的通信设施完成数据传输。监控终端机的功能可以更加强大。如人工置数、自检告警、控制设备运行和传输现场图像等。

遥测站的主要设备有传感器、监控终端机、通信设备、电源、避雷设施等。数据存储记录可以在传感器部分，也可以在监控终端机内部，或者单独存在。

2. 中心站

完成所有遥测信息的搜集、存储及数据处理任务，并负责将所搜集的实时数据报送给有关部门。水资源监测系统的中心站还需要进行水资源管理调度，发送调度指令。

中心站由计算机系统、通信设施、中心控制机、电源等组成。

3．超短波中继站

用于沟通超短波无线通信网络，以满足信道传输要求。只用在超短波通信中，但现在应用很少。其他通信方式也需要"中继站"，但都已包含在整个通信系统中，不需自建。

中继站由中继机、通信设备和电源组成。有时中继机和测站终端机是兼容的。

4．通信信道

包括各种有线、无线通信方式。相应的通信设施已包括在各类站点的终端机中。

（二） 系统的功能

1．水资源实时监控系统应具有实时监测、信息服务、业务应用和远程监控等功能，其中，信息服务和业务应用是辅助决策系统的主要功能。

2．实时监测应包括水资源信息、工程信息采集、控制信息采集和传输等功能，由信息采集传输系统实现。

3．信息服务应包括信息处理、发布、查询和实时预警等功能，由辅助决策系统实现。

4．业务应用应包括水资源实时评价、预报、管理、调度等功能，由辅助决策系统实现。

5．远程监控应包括远程监视和实时控制等功能，由远程监控系统实现。

（三） 系统的组成

水资源实时监控系统应由信息采集传输系统、计算机网络系统、辅助决策系统、远程监控系统和监控中心等部分组成。

1．信息采集传输系统应包括水资源监测站（点）、中继站、分中心、中心等信息采集与传输部分。信息采集内容包括降水量、蒸发量、水位、流量、取水量、用水量、排（退）水量、净水厂和污水处理厂的进出厂水量、地下水开采量、水质等监测信息。

2．计算机网络系统应包括局域网、广域网等部分，涉及监控中心、分中心和有关业务部门，水行政主管部门和计算机网络的互联。

3．辅助决策系统应包括数据库、信息服务、业务应用等部分，利用水资源实时评价、预报、管理和调度模型及会商机制等制订水资源实时管理和调度方案，为水行政主管部门科学决策提供依据。

4．远程监控系统包括远程监视和控制两部分：对河流断面、水源地、净水厂、污水处理厂、渠道、涵闸和取排（退）水口等重要对象，实施远距离的图像、视频等实时监视，采用手工、半自动和自动等手段对重要引水和退水工程设施的闸门、泵等实施控制。

（5）监控中心应包括支撑系统运行的硬件环境和软件环境等，是系统监控信息的最终汇集、数据交换共享、辅助决策和指挥调度的中心，以及支撑系统运行的平台。

（四）信息采集

系统所需采集的信息可分为实时信息、基础信息两类：

1. 实时信息是指水情（包括地表水和地下水）、工情、供水、用水和排水等实时监测信息。

2. 基础信息是指水工程、地理信息、整编后的水文及水资源信息、经济社会等基础信息。降水量、水位、墒情、闸位和流量、视频等信息的采集可采用自动监测传感器、存储转发装置和数据终端等相结合实现；在目前的技术条件下，无法做到自动采集或者采用自动采集方式成本过高时，可采用人工方式完成，并将所采集的数据录入数据库。

水质信息采集宜以常规监测为主、自动监测为辅。常规监测通常包括现场取样、实验室测定分析。自动监测应在监测点配置水质遥测仪器和数据存储设施。

（五）远程监控系统

1. 远程监控系统包括远程监视和实时控制等部分。

2. 远程视频监视可通过由摄像采集前端、视频传输网和后台控制处理等组成的远程视频监视系统，对水资源调配工程的重点场景进行实时远程视频监视、监听，应与其他自动化系统预留接口，相互传递视频信息和控制信息。

3. 远程视频监视功能应在监控中心实现远程视频信息的采集、转发、监控、数据存储和画面分割监视，并在可设定的间隔时段内对所有控制点进行巡检，实现视频画面切换监视和视频播放功能。

4. 实时控制应根据水资源实时监测信息反映的情况，参照视频监视结果，遵照确定的管理调度方案，完成下达给系统监控对象实施控制操作命令，并将监控操作过程和效果以及监控对象的动态状况等实时反馈到监控中心或分中心。

5. 实时控制应与实时监测和视频监视同时使用，实时控制的前后现场状况均应在监视器上得到直观反映。

6. 实时控制包括自动控制和手动控制两种方式，其中自动控制系统本身应保留具有最高执行优先级的手动控制功能。

（六）水资源信息监测系统的监控终端机

1. 概述

在水资源信息监测系统中，遥测站的监控终端机承担数据采集、存储和数据传输控制任务，可能承担图像传输任务。在有遥控功能的站点，终端设备还要有数字量和模拟量输出，经驱动后，控制机电设备的运行。

2. 水资源监测系统的监控终端机性能要求

监控终端应符合以下各项要求：

（1）基本要求

①能完成被测参数的数据采集、显示、传输和控制，并通过通信设备与信道完成数据传输；②应具有低功耗的性能和高可靠性，并具有扩展传感器接口和通信接口；③可配备输出控制接口，以便对水泵等设备进行控制操作；④可通过设定选择自报、应答或混合工作模式，并具有响应中心站命令的功能。

（2）基本功能

①当被测参数值发生增减变化（可设定变化范围）或达到设定时间间隔时，自动采集、存储和发送参数数据；②站址编码、通信模式等相关参数的设定功能；③现场显示实时数据功能；④自检及自诊断功能；⑤较强的抗干扰能力。

（3）可具有的功能

①多种接口，可连接多种监测设备，可传输图像；②大容量存储器，可现场保存一个月以上的监测数据；③配置人工置数装置的数据采集传输装置，可具有发送人工置入数据并取得中心站确认的功能；④远程抄表功能；⑤开关量或模拟量输出接口，可对部分设备进行控制；⑥双通信信道自动切换功能；⑦越限报警和故障报警功能。

（4）监控终端应具有传感器输入接口和控制输出接口两类接口

监控终端要满足以下要求：

①与传感器的接口应根据所测参数的多少和传感器特征，分别配置增量计数型输入接口、并行输入接口、模拟信号输入接口、串行输入接口、频率输入接口等。各类接口机械电气性能应分别符合下列规定：

a. 增量计数型输入接口可接翻斗雨量计、增量式水位计和闸位计、转子式流速仪、脉冲型流量计等。

b. 并行输入接口可接水位计、闸位计等并行编码输出。

c. 模拟信号输入接口输入为 4~20 mA 或 0~5 V 的电信号，可以接压力式、超声波式水位传感器和其他模拟量输出接口的传感器。

d. 串行输入接口通常采用标准的 RS-232C、RS-422、RS-485、电流环或 SDI-12 总线串行接口，可以同时接多个串口水位计、闸位计、流量计等传感器。

e. 接口信号，可以是触点的通和断，也可以是 TTL 或 CMOS 电平的数字信号。

f. 接口保护应有消除抖动与抑制过压保护电路。

②监控终端通过输出口对控制设备进行控制操作，应根据控制方式分别配置开关量输出接口、模拟量输出接口等。各类接口机械电气性能应分别符合下列规定：

a. 开关量输出接口输出有 TTL 电平和继电器两种形式，对于大的电气控制需外接中间继电器等设备，用于控制水泵、阀门（闸门）等。

b. 模拟量输出接口输出为 4~20 mA 或 0~5 V 的电信号，可以直接控制阀门等设备。

c. 接口信号可以是触点的通和断，也可以是 TTL 或 CMOS 电平的数字信号，其输出能力要满足控制设备的要求。

d. 接口应具有过流保护电路。

（5）监控终端应满足以下技术要求

①工作温度：A 类为 -25~55 ℃，B 类为 -10~45 ℃；相对湿度不大于 95%（40 ℃ 时）。

②机箱应具有外壳防护等级要求，其设计应便于安装、维护、操作。

③可靠性指标，MTBF≥25 000 h。

④TTL 电平输出的信号电平为 5 V、12 V、24 V 三种，继电器输出的控制电流不小于 2 A。

⑤应具有满足测量和通信要求的传感器的接口和通信接口。

⑥工作电源为 12 VDC±15%、24 VDC±15%、220 VAC±15%。

⑦具有较强的防感应雷击和抗电磁干扰能力。

（七）水资源信息监测系统的通信

1. 数据传输规约

水资源监测系统应用的数据传输规约和水文自动测报系统常用的数据传输规约不同，水资源监测系统应用的数据传输规约应符合相关规定。

2. 通信信道

通信信道分为无线通信和有线通信两大类，有线通信分为架空明线、对称电缆、同轴电缆、光纤等，无线信道分为短波、超短波、微波、卫星中继等。

目前，水资源监测系统应用的通信信道和水文自动测报系统常用的通信信道基本相同，主要使用 GSM 短信（SMS）、GSM 系统中的 GPRS 业务、CDMA、北斗卫星中继通信、超短波（UHF/VHF）等无线通信方式，也使用 PSTN、光纤等有线通信方式。中心站之间和与上级中心之间主要应用网络通信，也可以应用自有的卫星、微波、光纤通信网。一些自动测报系统采用多信道复合系统组网，即可能使用多种有线、无线信道组成系统通信网。应主要使用公网通信方式。如已有自建通信信道，并能满足使用要求，则可以采用自建通信信道。

第五节　水资源移动监测和工程监控设备

一、水资源移动监测设备

（一）水资源移动监测设备的分类

以运载方式分，移动监测设备可以分为水资源移动监测车和水资源移动监测船两种形式。它们都可以携带水量和水质监测设备、仪器，具有水质、水量的移动监测功能。

（二）移动监测车船的基本要求

移动监测车应有较好的越野性能、较大的内部空间。移动监测船的船体尺寸、动力应按使用要求决定。移动监测车、船应能安装和携带所需的水量测量仪器、水质采样器、水质分析仪。较大的移动监测车应有水质分析所需的供排水系统、电力供应并考虑工作人员的工作环境，可以直接在野外取样，做必要的分析。如监测船较大，空间和工作环境的安排应更为合理。

应注意移动监测车、船在可能的工作环境中具有可靠的安全性能。

（三）移动监测车、船的仪器设备配备

在移动监测车、船上可以携带和安装明渠和管道流量监测设备，以进行必要的明渠流量、管道流量监测。比较适用的明渠流量测量仪器是转子流速仪、电磁流速仪、电波流速仪、声学多普勒剖面流速仪、声学多普勒点流速仪、超声测深仪等仪器。夹装式声学流量

计适用于管道流量的移动监测。应配备水质采样器、水质测定仪、现场水质分析仪，大型移动监测车、船上可以设置移动水质分析室。

移动监测车、船应配有便携式电脑、专用的无线通信设备、自动定位设备，并宜配有数据传输设备、图像采集设备。应注意配备的通信设备和其他野外应用设备的防雷等安全要求。

有些移动监测车是水文或水质巡测专用的，称为水文巡测车和水质巡测车。其测量仪器的典型配备如下：

1. 水文巡测车

专用巡测车、全站仪、水准仪、转子式流速仪、流速测算仪、超声测深仪、红外测距仪、全球卫星定位仪、电波流速仪、便携式电脑、车载信息传输系统。按需要可配备走航式 ADCP。为了方便在水面上应用走航式 ADCP、自动采集水样仪器，可配用遥控浮体小船。用于桥测流量时，巡测车上需安装悬挂测流仪器的水文绞车。这是水文巡测仪器的完善配备，实际应用时按所在地区的测流方法和需要配备仪器。

2. 水质巡测车

专用巡测车（含供电系统和试验台等）、全球卫星定位仪、测流系统、超声测深仪、红外测距仪、数码相机、便携式电脑、车载信息传输系统、水质采样器、样品保存系统（冰箱、冰柜）、车载式气相色谱仪、快速 COD 测定仪、BOD 快速测定仪、便携式分光光度计、全自动间断化学分析仪、红外测油仪、便携式气相色谱—质谱仪、便携式发光细菌毒性测试仪、便携式快速细菌检验箱、普通生物显微镜。按需要可配用遥控浮体小船采集较远水体水样。按需要配备野外帐篷、半密闭式化学防护服。

这是水质巡测的比较完善的配备，实际应用时按巡测车功能和所在地区的需要简化配备仪器。

二、水资源工程监控监测设备简介

（一）概述

对水资源的配置调度控制主要通过控制阀门、闸门、水泵等设备来实现。水资源工程监控监测设备是对水资源的配置调度进行状态监测及控制的设备。

状态监测主要是监测阀门、闸门、水泵、管道等设备的运行状况，包括管道压力、电量信息、阀门运行状态、闸门开度等。控制主要是对水泵或阀门、闸门的操作控制。

（二）状态监控

1. 闸门开度测量

应用闸位计测量水利工程闸门的开度。水利工程用的闸门主要是平板闸、弧形闸、"人"字闸三种。对平板闸门和弧形闸门，闸位是闸门上提后闸门底离闸底的垂直距离，也称为闸门开度。对于"人"字闸门，又分为单门和双门，它的闸位定义比较复杂。

闸位计可以只显示、记录闸位，不能遥测远传。也可以将测得的闸位以数字量或模拟量输出，可以将闸位数据提供给遥测设备传输的闸位计称为遥测闸位计。

（1）遥测闸位计的工作原理

闸位测量和水位测量是类似的，不过测量的不是水面，而是一个刚性平面。实际上，多数水位测量仪器可以安装在闸门上成为闸位计。

①接触式闸位计

这类闸位计的主要部分是一个也可用来测量水位的轴角编码器，用作闸位计时，要将轴角编码器与闸门的启闭运动连接起来，使轴角编码器的编码和闸门升降同步，就可以将闸位数据转变为相应的数字或模拟信号输出，实现了遥测闸位计的功能。除了轴角编码器以外，闸位计的主要结构是轴角编码器与闸门升降的连接。通常使用三种连接方法：直接连接法、间接连接法、自动收卷法。连接方法是决定轴角编码器式闸位计能否正常应用的重要因素，在应用设计时要做好充分考虑。

直接连接法是将浮子式遥测水位计的浮子去除，将这一端的水位计悬索直接连接在闸门上，悬索绕过水位轮，平衡锤在空中自由下垂。闸门升降时，好像浮子升降，悬索带动水位轮旋转，像测水位一样测得闸位。这种方法使用简单，能很准确地得到闸位数据。问题是有一根悬索挂在空中，尤其是平衡锤一端在空中自由下垂，垂直距离大时带来很多问题，还有风的影响。所以不宜用于开启度较大的闸门，也不宜用于闸、路结合的闸门。

间接连接法。如果闸门启闭机升降闸门时是由机械直接驱动的，传动机械是齿轮组或卷扬绞车。那么齿轮或绞车轴的转动位置和闸门开度是对应的，找到恰当的位置，将轴角编码器轴连接上去，使编码器轴与闸门启闭机械联动，就可以测得闸位。大多数闸门启闭机都有简单的机械闸位显示器，也是这样工作的。这样的连接方式可以避免外部环境的干扰，设计合理的话，安装工作也很方便。但如果传动比不合适，或者机械加工精度不够的话，闸位误差会增大，不如直接连接法准确。传动闸门启闭时都会有钢丝绳，闸门到底时，钢丝绳会松一些，将带来误差。

自动收卷法用一自动悬索收卷装置代替平衡锤。往往应用一多圈盘簧带动水位轮，盘簧放松到一定程度时，就能将全量程的悬索全部收圈在内部卷筒上。使用时水位计固定在闸上，拉出悬索，固定连接在闸门上。闸门升降，悬索被盘簧自动收放张紧，带动轴角编码器转动，使轴角编码器正常工作。要将悬索张得很紧是有困难的，风力较大、悬索较长时，悬索会被吹成不稳定的弧状弯曲，造成较大的闸位误差和闸位数字跳动。这种情况严重时，会影响自动测量控制系统的正常运行，以至于只能放弃使用这种闸位计。

②非接触式闸位计

在被测闸门上方设一固体平面反射面，就可以在闸上安装所有类型的非接触式水位计测量此反射面的高程，推算闸位。可以应用气介式超声水位计、激光水位计、雷达水位计测量闸位。

（2）闸位计技术要求

遥测闸位计标准规定了技术要求。总的要求和水位计类似，准确度要求为10m变幅时±2.0cm，并有抗振动要求。实际闸位计的技术指标和水位计基本一致。

（3）准确度分析

遥测闸位计将遥测水位计用于另一种工作条件，测量闸位的工作环境优于测量水位，所以各种遥测闸位计的准确度和相应水位计相当。如果不考虑大风对悬索的影响，实际应用结果会优于相应的水位计。

2. 水泵或阀门、闸门操作控制

水泵及阀门、闸门控制装置是用来对水泵或阀门、闸门进行开关操作控制的设备。水泵及阀门、闸门控制应具有高可靠、高稳定的特点，能根据现场设定的要求控制或远程控制进行开关、运行操作。

水泵及阀门、闸门控制装置既可是一套独立的控制设备，也可由数据采集传输装置发出指令来进行控制操作。水泵及阀门、闸门控制应有反馈信息输出，以便及时了解控制设备的运行情况。当水泵及阀门、闸门控制失效时，应能及时向监控中心发送报警信息，以便维护人员及时处理。

（三）管道压力监测

用管道压力监测仪监测供水或排水管道内压力状况。测量管道压力的传感器可采用各类压力传感器。管道压力传感器的输出信号为数字量、标准模拟量（4~20 mA、0~5 V）、RS-232、RS-485 等通信接口。

管道压力监测仪应符合以下技术要求：

1. 测量范围为 0~0.6MPa、0~1MPa、0~10MPa 等，应根据管道的实际压力情况选择量程范围。

2. 测量精度优于 1%FS。

3. 线性优于 1%FS。

4. 供电电源为 12 或 24 VDC。

5. 宜具有现场显示功能。

（四）电量监测

电量监测仪用来测量电机工作时的电压、电流、电量、仪器工作状态等信息，以便及时掌握电机和水泵等用电设备的工作情况。电量监测仪主要有电压表、电流表、电量表等测量仪表，可直接接入到数据采集传输装置上进行采集。电量监测仪根据测量电量类型可分为直流电表、交流电表两大类。电量测量传感器的技术要求应符合供电部门相关技术标准。当电量参数超限时，电量监测仪应能自动报警。

第六节 水资源监测站常用仪器设备配置

一、水资源监测站的分类与基本要求

（一）水资源监测站的分类

按水资源监测站属性的不同，可采用不同的水资源监测站分类方法。例如，按监测参数分类、按监测水体性质分类、按监测信息的收集方式分类、按监测方式分类等几种方法。按监测方式的不同，监测采集水资源信息的站点可以分为自动监测站、巡测站、驻测站三类。按站点功能不同还可以分为监测站、监控站，采集的信息可能包括图像、水利工程的工作状况信息、控制反馈信息等。自动监测站、巡测站、驻测站三类监测站是应用最普遍的水资源监测站。水资源监控站属于自动化系统范围，大量应用工业遥测、遥控技术，不在此具体介绍。

（二）自动监测站监测基本要求

1. 水位

必测项目，要求实现水位信息的自动采集与传输。

2. 降水

可选监测项目。如监测，要求实现降水量自动采集与传输。

3. 水质

必测项目，主要建立水质断面标和配置采样仪器设备，主要应用人工采样、实验室分析方法测量水质。

4. 流量

必测项目，有条件的站点可通过自动仪器设备实现流量自动监测，或者通过一定的测验设施的建设，应用水位—流量关系，通过水位自动监测实现流量推流计算，从而间接实现流量自动监测。

（1）通过仪器设备监测的自动站，河流、渠道站主要可采用的仪器设备有：水平式ADCP、时差法超声波测流系统、各类渠道流量计。对输水管道和水泵，可以应用各类管道流量计，或者应用电功率法测量。

（2）应用水位流量关系方法时，一般须建设适合测验断面测流的标准堰槽等设施并安装，也可利用已有水工建筑物、闸坝测流。在水位流量关系稳定的测流断面，可以用自动测量水位的方法得到流量。

5. 水面蒸发

可选监测项目。如监测，要求实现蒸发量自动采集与传输。

6. 闸位等其他工程要素

要求实现自动采集与传输。

（三）巡测站监测基本要求

1. 水位

必测项目，要求实现水位信息自动采集与传输。

2. 降水

可选监测项目。如监测，要求实现降水量信息自动采集与传输。

3. 水质

必测项目，主要建立水质断面标和配置采样仪器设备。主要应用人工采样、实验室分析方法测量水质。

4. 流量

必测项目，一般可通过以下几种方式进行巡测：

（1）船测测验

用巡测船巡测，在水网区或湖区，可采用快艇巡测，需配置船用常规测流设备或走航式 ADCP 进行流量测验。

（2）缆道测验

需建设标准缆道或简易缆道进行流量测验，需配置常规测流设备、走航式 ADCP、巡测车船等交通工具。

（3）桥上测验

利用测验断面附近的桥梁或专用测桥，用桥测车与常规测流设备、走航式 ADCP 等进行流量测验。

（4）管道流量测验

应用各类管道流量计，泵站、水电站流量测验可以应用电功率法。

（四）驻测站监测的基本要求

1. 水位

必测项目，要求实现水位信息自动采集与传输。

2. 降水

必测项目，要求实现降水量信息自动采集与传输。

3. 水质

必测项目，主要建立水质断面标和配置采样仪器设备。主要应用人工采样、实验室分析方法测量水质。在重要站点，可以建设水质自动监测站。

4. 泥沙

可选监测项目。如监测，则需配置相应的泥沙采样器、泥沙分析仪器等监测仪器设备。

5. 蒸发和气象辅助观测

可选监测项目。如监测，则应配置相应的标准蒸发器，按需要配置自动蒸发器，以及相应的气象观测仪器和建设必要的设施。

6. 流量

必测项目，可应用船测、缆道测验和自动测流方法。

（1）船测

利用船舶与常规测流设备或走航式 ADCP 进行流量测验，一般适用于河面宽广、水深较深、建缆道较困难的河流。

（2）缆道测验

通过建设缆道及附属设施，配置相应的流量监测仪器设备进行测验，一般适用于水面宽小于 500m 的河流。

（3）自动测流

应用方法、仪器同自动监测站。

（五）水资源监控站的基本要求

1. 水文信息监测

包括水位、降水量、流量、水质、泥沙、蒸发量、气象等要素，还可能包括墒情、地下水等要素。

2. 水利工程工作状况监测

包括监测闸门、泵站、阀门、管道的闸位、开闭状况和水力机械内部压力、动力机械的电量参数等。

3. 控制要求

根据运行控制要求，监控站接收控制指令，包括闸门的开启关闭指令、泵站和阀门的开关指令等，进而控制这些设施的运行。并可能被要求反馈控制指令的执行信息。

4. 现场图像传输功能

将监控现场的实时图像，以及执行控制命令的现场工作过程和结果传输到控制中心。

二、监测仪器设备选型

（一）降水与蒸发仪器

1. 降水量仪器

用于测量雨量和降雪量。

雨量观测设备主要应用虹吸式雨量计、翻斗雨量计、称重式雨量计。由于虹吸式雨量计不适用于自动化监测系统，所以大量应用的是翻斗雨量计。称重式雨量计和称重式雨雪量计也开始使用。称重式雨雪量计可以较长期自动测量雨雪量，比较适合于需要测雪的地区。不冻液雨雪量计和电加热雪量计也可用于雨雪量自动监测。按照《降水量观测规范》选用雨量计的分辨力，多年平均雨量≥800 mm，一般采用分辨力为0.5 mm翻斗雨量计；雨量<800 mm，一般采用分辨力为0.2 mm翻斗雨量计。有蒸发观测项目的测站还须配置分辨力为0.1 mm的雨量计，需要监测降雪的站点须配降雪观测仪器。

2. 水面蒸发量测量仪器

测站有蒸发观测项目，应按《水面蒸发观测规范》要求配置蒸发器，需要进行冰期蒸发观测的测站应配置20 cm蒸发器。如需要蒸发量自动观测和传输，应配置自动蒸发器，如补水式自动蒸发器、浮子式自动蒸发器、超声波自动蒸发器等。

（二）水位仪器

1. 浮子式水位计

传统的浮子式水位计用记录纸画线记录水位过程线，不适用于自动监测系统。编码输出的浮子式水位计可用于水位数据数字式自动记录和遥测传输。全量编码输出有并行输出和串行输出两类。并行输出码型有BCD码和格雷码两类，串行输出都具有RS-485标准接口。增量编码输出也应符合编码标准要求。

适用范围为含沙量相对较小，适合建水位自记井的测站；量程分为10 m、20 m、40 m等；分辨力为1.0 cm；精度为变幅不超过10 m时，95%测点允许误差±2 cm，99%测点允许误差不超过±3 cm。

浮子式水位计可用于大部分水位监测站。

2. 投入式压力水位计

一般应用的压力敏感元件为硅应变片，先进的仪器应用陶瓷电容压力传感器。此类水位计均有温度补偿措施，适用于建水位自记井困难的测站和地下水水位测量。一般来讲，其测量准确性和稳定性低于浮子式水位计，但先进的仪器可以达到浮子式水位计要求。

3. 气泡式压力水位计

气泡式压力水位计只有一根通气管进入水中，可以适应各种水下环境，但水上部分较复杂，测量效果并不比投入式压力水位计更好。适用于建水位自记井困难、冲淤变化大、水下情况较复杂的测站。

4. 超声波水位计

因为其水位测量准确性严重受温度影响，因此，必须进行温度修正，而完善的温度修正又很难做到，所以一般不用于野外水位测量。需要非接触式测量水位的场合可以使用雷达式水位计。在水利工程、部分场合的小变幅水位测量时可以应用。

5. 雷达水位计

这是一种非接触式水位计。由于雷达传播速度基本不受空气介质组分、浓度、压力、温度等的影响，所以其测量性能很稳定，可以用于大部分场合。其测量准确性和浮子式、压力式水位计相当。

6. 电子水尺

电子水尺可用于含沙量高的河道，但必须安装在水尺桩或水工建筑边墙上，且需要防护措施。所以主要适用于涵洞、渠道等人工输水工程的水位测量。其测量准确性较高、稳定，量程没有限制。一般产品的测量精度为±1 cm，分辨力为1 cm。有些类型的产品可达到毫米级要求。

7. 水位测针

水位测针测得的水位可以达到毫米级的准确性，甚至更高，其他水位计都只能达到厘米级的水位测量准确性。在堰槽小流量测量时，需要测得毫米级准确性的水位值，只能使用水位测针。数字式水位自动测针可以用于高精度水位测量，而且比电子水尺简单，但其量程很小。

（三）流量仪器

1. 常规测流仪器设备

（1）转子式流速仪

转子式流速仪分为旋桨式流速仪和旋杯式流速仪两类。旋桨式流速仪结构较复杂，但性能稳定，能用于多沙水流。旋杯式流速仪结构简单，应用方便，但只适用于低沙、中低速水流。国内已有系列定型产品，可供选用。

（2）流速仪计数器

性能完善的流速仪计数器（流速测算仪）能适用于各种转子式流速仪在测杆、测船、缆道测流等环境条件下的流速测量、计算、显示、记录、传输，适用于有线、无线信号方式的流速信号传输。

（3）其他点流速仪

电磁点流速仪和多普勒点流速仪测量迅速方便，可以供渠道、涉水测速、测桥测速时选用。

（4）测深仪

手持回声测深仪、船用回声测深仪、缆道回声测深仪分别适用于人工测深、测船测深和缆道测深，只有缆道回声测深仪技术不太成熟。

（5）船用测流综合控制台

船用测流综合控制台，主要由船用水文绞车交流变频无级调速控制、铅鱼测深和无线测流等部分组成，可实现对测流铅鱼的下降、提升的无级变速控制，下降提升的位置测量、显示，以及流速测量和计算等功能，设有测点自动停车功能和河底信号停车功能。

（6）缆道测流系统

缆道测流系统包括控制系统、缆道缆索运行测量系统、缆道测流水下信号传输系统和缆道绞车。主要由缆道水文绞车交流变频无级调速控制、铅鱼测深和无线测流等部分组成，可实现对缆道测流铅鱼的水平移动和垂直下降、提升的无级变速控制，缆道测流铅鱼水平移动和垂直下降提升的位置测量、显示，以及流速测量和计算等功能，设有测点自动停车功能和河底信号停车功能。

2. 声学多普勒剖面流速仪

走航式多普勒剖面流速仪测量流量时必须跨过测流断面，需要使用测船、缆道、测桥、牵引式小型浮体船、自动小型浮体船等渡河设施，需要人工操作测量，可以用于驻测站和巡测站。固定式多普勒剖面流速仪固定安装在河边、水底，可以自动测量流速流量，可以用于自动监测站。ADFM可以用于渠道流量自动测量。声学多普勒剖面流速仪有多种产品，它们之间的主要不同是其工作频率和信号处理方式，以适应不同测量距离的需要。

3. 声学时差法流量测量系统

声学时差法流量测量系统是一种成熟的河流、渠道、管道流量自动测量仪器，可以用于各种流量测量场合，应用范围比声学多普勒剖面流速仪广，测量准确性和稳定性较好，但需要在两岸安装仪器，因此影响使用推广。用于安装条件较好的河流、渠道流量自动测量站。新型产品已不需要安装过河电缆，方便了安装应用。

4. 电波流速仪测流

水流流速很大时，测速仪器难以入水，电波流速仪可以在桥上、岸上测量水面流速。固定安装在桥上、岸上的一台或多台电波流速仪可以自动测量水面一点或多点流速，从而推求流量。这种方法适合于洪水测流和山区河流的流量自动监测。但只测水面流速，得到的流量数据准确性不高。

5. 流速仪流量计

较小渠道可以使用这类流量计，在渠道上设置一过水设施，改明渠水流为涵管流，测得涵管中代表点流速，推求流量。

6. 堰槽流量计

较小河流和渠道上可以应用这类流量计，需要安装或建造测流堰槽，应用相应的水位计自动测量水位，计算流量。有较高的流量测量准确性保证。

7. 水工建筑物测流

已有闸门、涵洞等水工建筑物时，可以应用其水位、流量、闸门涵洞开启数据的关系，通过测量水位、闸位等数据计算流量。达到流量自动测量的目的，测量准确性有一定的保证。

8. 管道流量测量

应用各类管道流量计，可以自动测得管道流量数据，流量数据具有较高的准确性。应用电功率法推算泵站、水电站过水管道、通道流量也具有较高的准确性。

9. 流量测量所需其他设备

（1）定位和测距仪器设备

①全球卫星定位系统（GPS）

当测流断面河底有推移质运动时，ADCP 的河底跟踪失效，需要应用 GPS 定位。

②GPS 罗经

当铁质船体影响 ADCP 磁罗经工作时，需要应用 GPS 罗经。

③全站仪

在水文测验中，用于大江大河、水库、湖泊等宽阔水面测点（垂线）平面位置的测定和高程的测量。该仪器是一种多功能、高功效仪器，测量过程自动化，可缩短测验历时。

④测距仪

一般应用红外测距仪，在野外、船上测量距离。

（2）巡测仪器设备

①巡测车

适用于流量巡测、水质巡测、水样采样的专用巡测车，巡测车应能携带各种所需仪器，具有悬挂、操纵入水仪器工作的设备，进行所需水文水资源要素的监测能力，并具有一定的水样分析、数据处理、传输和通信能力。巡测车的大小规模按需要确定。

②巡测船

适用于流量巡测、水质巡测、水样采样的专用巡测船，巡测车应能携带各种所需仪器，具有悬挂、操纵入水仪器工作的设备，进行所需水文水资源要素的监测能力，并具有一定的水样分析、数据处理、传输和通信能力。巡测船的大小规模按需要确定。

（四）水质仪器

1. 水质采样器

（1）地表水采样器

国内标准将地表水采样器分为表层采样器、单层采样器、积深采样器、封闭管式采样器、泵式采样器、溶解氧采样器、自动式采样器和降雨采样器。水文部门应用最多的是有机玻璃采水器，很少使用其他类型的采样器。

（2）地下水采样器

国内规范只简单提出了用电动泵、活塞式、隔膜式采样器自动或人工采取水样，没有推荐使用具体型式的采样泵。国外应用较普遍的地下水采样器是贝勒管和击式采样器，采取瞬时水样。用贯入式地下水采样器直接采取松散层中的地下水样。

2. 水质直接测量仪器

自动测量水质时应用电极法水质自动测量仪和水质自动分析系统。测量人员可以携带简便的水质自动测量仪器在现场对水体直接进行自动测量，可以使用便携式直接法水质测量仪和便携式水质分析仪。

（五）泥沙仪器

1. 悬移质泥沙仪器

（1）横式采样器

横式采样器采得瞬时水样，代表性并不好，但仪器简便实用，是主要应用的泥沙采样器。分为人工直接操作和缆道遥控两种方式。

（2）瓶式采样器

瓶式采样器采得积时水样，没有调压过程，仪器简便实用，是南方地区主要应用的泥沙采样器。

（3）调压式采样器

仪器调压采样，能采得和天然水流较一致的水样，是应该推广的泥沙采样器。由于结构复杂，使用不便，因此，仍只有很少量应用。

（4）现场测沙仪

同位素测沙仪、光电测沙仪、振动测沙仪、超声测沙仪是具有实际应用意义的现场测沙仪，都有相当的局限性，应用范围和测量准确性都难以满足实际测量要求，只能作为辅助测量方式。

（5）泥沙分析仪器

包括各种泥沙颗粒分析仪器及天平、烘箱、比重瓶、分沙器等辅助设备。

2．其他泥沙仪器

包括推移质采样器、河床质采样器，国内这些观测很少，水资源监测更少应用这些仪器设备。

三、水资源监测站仪器配置方案

按监测站类型，并按监测要素分别提出仪器配置建议方案。实际应用时可以按不同环境、不同要求选用。

（一）自动监测站仪器配置

1．水位测量仪器

在可以建水位井的测站，优先应用浮子式水位计。不宜建井的测站应用压力式水位计。如果河岸陡峭，或者河床冲淤变化大，应用雷达水位计较好。堰槽测流时，应用水位测针可以达到较高的流量测量准确性。超声水位计只适用于小变幅水位测量，可以用于堰槽测流的水位自动测量。电子水尺适宜用于部分水工建筑物处。地下水水位自动测量应用投入式压力水位计和浮子式地下水水位计。

2．降水量测量仪器

翻斗雨量计是最适用的雨量观测仪器，可以用于遥测，但翻斗雨量计本身基本不具有固态存储功能，需要在遥测终端机内存储，或者另接固态存储器。需要测量降雪时，可以考虑使用称重式、不冻液式雨雪量计。

3．水面蒸发仪器

可选择补水式自动蒸发器、浮子式自动蒸发器、超声波自动蒸发器等较为成熟的产品。

4．明渠流量测量仪器

河流流量自动测量可以选用固定式声学多普勒剖面流速仪、时差法流量测量系统。渠道和较小河流可以选用声学多普勒流量计、堰槽流量计、流速仪流量计。泵站和水电站可以应用水工建筑物测流方法、电功率方法自动测流。

水位流量关系稳定的断面可以应用水位流量关系方法自动测流。

难以安装水下仪器的场合，可以应用电波流速仪自动测量水面流速的方法自动测量流量。

5. 管道流量测量仪器

管道流量测量仪器很多，具有各种规格，可以很方便地配置，基本上都能自动测量。但大都只适用于清水流量测量，选用时应注意。非满管流量计很少，都是声学流量计。

6. 水质测量仪器

电极法自动水质测量仪器和水质自动分析仪都可以用于地表水和地下水的水质自动监测。水质自动分析仪中包括了水质自动采样器。

7. 泥沙仪器

泥沙在线自动测量仪器的应用有很多限制，还不宜实际应用。

8. 遥测设备

包括遥测终端机、通信模块、电源、避雷设施等设备。

（二）驻测站仪器配置

1. 水位测量仪器

驻测站水位测量要求和自动监测站相同，仪器配置方法也相同。但可以应用一些不完全自动化的仪器，以满足其他技术要求。如应用水位测针得到较高准确性的水位数据。

2. 降水量测量仪器

驻测站的降水量测量要求和自动监测站相同，仪器配置方法也相同。但可以应用一些不完全自动化的仪器，如应用虹吸雨量计同步观测雨量。

3. 水面蒸发仪器

驻测站采用标准 E601B 水面蒸发器观测水面蒸发量，用 20cm 蒸发器观测冰期蒸发量。如果需要，也可以配置自动蒸发器。

4. 明渠流量测量仪器

驻测站配置转子式流速仪、流速仪计数器、测深仪等常规流量测量仪器。还必须具有测船、缆道、绞车、铅鱼等测流设备。需要时，可以同时配置适用的流量自动测量仪器。具体内容见自动监测站部分。

5. 水质测量仪器

配置水质采样器，按需要配置水质分析仪器。

6. 泥沙仪器

配置适用的泥沙采样器，需要进行泥沙分析的站应配置泥沙含量测量仪器和泥沙颗粒分析仪器。

7. 遥测设备

包括遥测终端机、通信模块、电源、避雷设施等设备。

（三）巡测站仪器配置

1. 巡测站点仪器配置

（1）巡测站应自动测量水位，所以巡测站应配置水位自动测量仪器，其要求和自动监测站相同。

（2）如果雨量要素被选测，也应配置雨量自动测量仪器，其要求和自动监测站相同。

（3）流量是巡测必测项目，站点上需要配置一些流量测量辅助设施和设备，包括缆道、吊箱等。

2. 巡测基地设备和仪器

（1）巡测交通工具

巡测车和巡测船。

（2）巡测仪器

①流量测量仪器

转子式流速仪、流速仪计数器、测深仪等常规流量测量仪器，电波流速仪。适用的流量自动测量仪器，如走航式 ADCP、绞车、铅鱼、遥控浮体小船等测流设备。

②水质仪器

水质采样器、自动采样浮体小船、水质水样处理存放设施、水质现场分析仪器，需要时可配置流动水质分析实验室。

③泥沙仪器

泥沙采样器、泥沙水样存储设施。需要时可以配置现场泥沙分析仪器。

④其他仪器设备

计算机等数据记录处理设备，通信、传输设备，图像信息采集设备。

四、观测设施设备配置

（一） 雨量观测设施设备配置

需要配置雨量观测场，如有蒸发观测要求，则应建雨量、蒸发观测场。

（二） 水位观测设施设备配置

使用浮子式水位计，应建设水位自记井。应用其他水位计也有仪器安装要求。需要的水文基础设施包括基本水尺、基本水准点、校核水准点、观测道路，水准仪及水准尺、固态存储器等水位测量辅助仪器。

（三） 流量测验设施设备配置

测流站须建水文测验缆道，配置水文测验船舶，修建断面控制设施。测流断面控制设施包括基线标、基线杆、断面桩、断面杆、辐射杆、辐射主杆、断面界桩、断面标志牌、保护标志牌等，常规水文测验设备包括测流综合控制台、绞车、铅鱼、探照灯等。巡测站点可能需要建设缆道、测桥，以及修建断面控制设施。

（四） 遥测站设施设备配置

遥测站点需要建设遥测终端机机房、机箱，可能有敷设电缆、建设避雷系统、安装太阳能电源等工作，需要这些设施设备。

第三章 水生态监测

在水环境监测中，物理指标和化学指标能反映污染物的来源、浓度，能反映水环境的质量变化，却不能体现污染物对生物的影响，也不能解释水生生物对污染物的作用机理。因此，应用生物监测技术，从水生生物对污染物的利用角度反映污染物对生物的影响，展现污染物的潜在风险和威胁，是水环境监测发展的必然趋势。

第一节　水生态监测的基本定义及方法

一、水生态监测概况

水生态监测是以生态学原理为依据，通过物理、化学、生化、水文、生态学等方面的各种技术手段，对生态环境中的各要素、生物与环境之间的相互关系、生态系统结构和功能进行监控和测试。水生态监测重在评估自然演变过程和人类活动对水生态系统的影响，为水生态环境质量评价、水生态环境保护与修复、水资源合理利用提供依据。

在我国，水生态监测起步相对较晚。20 世纪 80 年代，我国部分城市陆续开展了生物试点监测，并积累了不少的数据和经验。到 90 年代后，由于管理和技术的原因，以及随着对生态监测定位的调整，许多监测站逐渐放弃生物监测，我国生态监测出现萎缩的局面。水生态监测从传统化学监测逐渐向全面系统的生态监测转变，通过长期的调查观测与分析，探求水生态演变规律，为解决流域水生态问题提供可靠的技术支撑。

二、水生态监测的特点

水生态监测不仅包含水要素本身的"水量"和"水质"的监测，而且涉及水循环系统中水生生物的完整性和多样性监测，还涉及与其他自然环境的相互作用以及与人类活动的相互影响。例如，水生生物的多样性与完整性，可以反映水资源的量、质是否满足生态系统可持续发展的要求；卫生学指标和毒理学指标可以反映水体作为饮用、娱乐及其他用途是否安全。因此，与物理的"水量"和化学的"水质"的监测相比，水生态监测是另外一门学科，且水生态监测涵盖的范围更广，与人类活动的关联更为细致和紧密。

水体的水生态状况及监测涉及水生态学、自然地理学、气象学、水化学、环境学及社会经济等广泛领域，同时各学科相互影响、相互作用并相互制约，形成了一个交叉性的系统学科，其监测对象为水体某一特定生态系统或生态系统聚合体的结构和功能特征及其在人类活动影响下的变化。因此，这就要求监测工作应综合水域生态中的各类作用因子，按不同层次、不同集合，有序进行调查和监测。

同水环境理化监测方法相比，水生态监测主要存在如下一些优缺点：

优点：①能够直接反映环境胁迫对水生态系统的综合影响；②可大面积或长距离布点，开展采样监测；③在水体污染物浓度较低的情况下，可以利用某些生物对特定污染物的敏感度，作为"指示物"进行早期诊断；④可以反映水体原位的水生态状况。

局限性：①精度不高，无法像理化监测那样精确确定某些污染物的含量；②反映不够快速，易受环境因素影响，如季节和地理环境等。

三、水生态监测主要指标

水生态监测所涉及的水生态系统按水中盐分含量高低可分为淡水生态系统和海洋生态系统；按水的流动性，淡水生态系统又可分为静水生态系统（如湖泊、池塘和水库）和流水生态系统（如江河、溪流、沟渠等）。生态监测指标体系主要指一系列能敏感清晰地反映生态系统基本特征及生态环境变化趋势，并相互印证的参数集合。科学选择水生态监测指标是生态监测的重要基本工作。水生态监测指标的选择首先要考虑生态类型及系统的完整性，然后要立足不同生态系统类型的特点选择指标。作为指标体系，应当具有内容全面、互相配套、数据准确、标准统一的特点，应遵循下列基本原则：

（一）科学性原则

监测指标的选择、监测数据的获取及计算必须有公认的科学理论为依据，以保证结果的真实可信。

（二）简明性原则

尽量选择具有独立性的指标，避免指标间包含重叠关系，保证监测指标数量尽可能少，监测方法尽可能简单。

（三）代表性原则

各项指标能反映生态系统的本质特征。

（四）可测性原则

所选的指标可以通过监测、统计或计算方法得到。

（五）敏感性原则

所选指标能够比较灵敏地反映区域生态系统的质量变化。

（六）可比性原则

所选的指标尽可能采用国际上通用的名称、概念与计算方法，以便与其他国家比较。

四、水生态监测主要方法

水生态监测工作主要是以水生态学原理为基础，综合运用物理、化学和生物等方法，通过搜集水生生物在水环境中所释放出的各种信息，判断水体的污染程度，此外，还通过对水生生物分布、生长、发育、迁移等的演化规律进行观察，进而对水体中不同尺度的水生态环境状况、水污染状况及其变化趋势进行监测与评价的综合技术，并为水生态系统保护与修复等提供依据。

水生态监测的具体方法较多，实际上是从不同的角度对监测对象进行数据采集和分析，每种监测方法因监测原理和使用范围的不同，监测侧重点不尽相同，使用的监测对象也不尽相同，且各有所长。根据监测手段，大致可划分为如下几类：基于光学形态学特征的监测，如显微成像法、流式细胞法、荧光光谱法、人工培养法、卫星遥感等；基于化学特征的监测，包括液相色谱法、分子监测技术等；基于生理生态指标类的监测，如 PFU 快速监测、生物毒性监测等；综合类监测新技术，如流式细胞摄像技术、声学探测技术、机器视觉、计算机视觉技术等。在日常生产监测过程中，要结合监测对象的特性，有针对性地选择合适的监测方法。

第二节 水生态监测设备

一、采样工具

水生态监测采样工具按照其功能及用途，可以分为通用工具和专用工具。

（一）通用工具

1. 交通工具

车、船、橡皮艇等。

2. 防护工具

水衩、手套、创可贴、探杆等。

3. 监测工具

温度计、酸度计、溶解氧测定仪、卷尺、GPS、测距仪、透明度盘、电子天平、盘秤等。

4. 样品处理

剪刀、毛刷、手术刀、白瓷盘、硬刷、塑料水桶、镊子、采样瓶、洗瓶、洗耳球、刻度吸管、盖玻片、载玻片等。

5. 现场成像器具

照相机或摄像机，主要用于水生态调查采样现场对水体相关水生生物进行照相或摄像，确保能提供超清晰的图像。

6. 记录工具

记录纸、防水笔等。

（二）专用工具

水生态监测专用工具包括：

1. 水样采集工具

有机玻璃采样器用于采集河流、湖泊、水库等 $0 \sim 20$ m 深度内的水生生物样品。顶部两个半圆上盖可轻松开合，底部带圆孔和浮动板，保证瓶体入水下沉时，水流可自由进出瓶体。采水器带温度计和配重，可同时测量水温，并配备绳索及缠绳摇轮。常见规格有1000 mL、1500 mL、2000 mL、3000 mL、5000 mL等。

不锈钢采样器，具体形式和规格同有机玻璃采样器，如在大型水库可采用深水采水器采集样品。

2. 浮游生物采集工具

浮游生物网：用于采集浮游动植物，规格为25号浮游生物网、13号浮游生物网。采集藻类、原生动物和轮虫等小型浮游生物用25号网，采集枝角类和桡足类等大型浮游生物用13号网。但是，枝角类和桡足类的定量样品采集也使用25号浮游生物网。浮游生物网常与伸缩杆、沉锤、钢丝吊绳等配合使用，可用于水库、湖泊等表层水至30m左右水体垂直或者分段浮游生物的采集。

3. 着生生物采集工具

着生生物监测定性样品采集工具包括剪刀、牙刷、手术刀或裁纸刀片、着生藻类附着器（人工基质）、洗瓶、白瓷盘等。剪刀等用于采集挺水、沉水植物的茎、叶，手术刀或裁纸刀片用于刮取石块、沉木、枯枝上的着生生物，牙刷用于刷下各种基质上的着生生物。定量样品采集目前多使用硅藻计，有专业销售的有机玻璃材质的硅藻计，还可以自制简易的硅藻计和聚酯薄膜采样器等人工基质采样器。

4. 底栖动物采集工具

底栖动物监测定性采样主要有手抄网、踢网、铁锹、彼得逊采泥器、三角拖网、分样筛、底栖生物附着挂板、镊子、毛刷等（采样工具很多，选择根据采样目的而不同）。手抄网用于采集处于游动状态及草丛、枯枝落叶、底泥表层中的底栖动物，踢网用于采集底泥中、石缝中、某些隐藏在草丛和落叶中、简易巢穴中的底栖动物，铁锹和彼得逊采泥器主要用于河流、湖泊、水库及浅海区等水域的沉积物（底泥）表层底栖动物采集。定量采样主要有彼得逊采泥器、索伯网、十字采样器、人工基质篮式采样器。

5. 沉积物（底泥）采集工具

沉积物（底泥）采集工具主要有柱状采泥器、箱式采泥器等。柱状透明采泥器包括采样管、不锈钢切割头、活塞推杆、绳索、扩展杆等，适用于河流、湖泊、水库及浅海区等水域的沉积物（底泥）泥样采集。柱状采泥器采集的底泥样品呈圆柱状，层次清晰可见，最大采样厚度1 m。采样管内含活塞连杆，方便将样品推出。箱式采泥器用于河流、湖泊、水库及浅海区等水域的沉积物（底泥）表层泥样采集。它对底泥扰动小，采集的底泥样品较完整。一般有 40 kg、130 kg 等规格，采样面积为 30 cm×30 cm、50 cm×50 cm。

6. 鱼类采集工具

鱼类采集工具主要有拖网类、围网类、刺网类、撒网、电子捕鱼器等。拖网类，适于在底质平坦的水域使用。围网类，捕捞中、上层鱼类的效果较好，不受水深和底质限制。刺网类，适于捕捞洄游或游动性大的鱼类，不受水文条件的限制，操作简便灵活。

撒网，又名抢网、旋网、手抛网，一种用于浅水地区的小型圆锥形网具，用手撒出去，使网口向下，利用坠子将网体快速带入水中，并用与网缘相连的绳索缓慢收回来，使鱼进入网兜中并拉出水面。是在鱼类密集的地方罩捕鱼类的一种小型网具。这种网具有成本低、网具轻巧、操作简便的特点，很适于鱼类调查者自备使用。

电子捕鱼器，适用于江河、水库、渔场等水域不受水深和底质限制，可在复杂水域及深水情况下使用。捕鱼不用网，可实现良好的捕鱼效果，对水中所有鱼类只是击晕后上浮到水面，并非电死，几分钟后可复活，可实现捕大留小，复活后不影响鱼类生长和繁殖。

使用电子捕鱼器采样时，所有采样成员必须接受训练，包括电气捕鱼的安全防范、电子捕鱼设备操作的各种程序和心肺复苏技术，并配备防水防电安全器物。

二、主要分析工具及监测仪器设备

（一）浮游生物沉淀器

浮游生物沉淀器主要用于浮游植物定量样品的浓缩。沉淀器：1000mL 圆筒形玻璃沉淀器或 1000mL 圆筒形分液漏斗。配套有洗耳球和内径 2mm 的乳胶管或 U 形玻璃管，用于沉淀后利用虹吸现象吸取上清液。也有的沉淀器由分类计数底座、有机玻璃容器构成，亦可用量筒等作为简易的沉淀装置。

（二）浮游生物计数框

浮游生物计数框主要有浮游植物计数框和浮游动物计数框。使用时，配套有盖玻片、移液枪等。

浮游植物计数框（也可对小型浮游动物进行计数）选用玻璃材质，规格分为 0.1 mL 和 1.0 mL。其中 0.1 mL 的计数框，样品池为 20 mm×20 mm，底部均分为 100 个正方格，模具做线，线粗度 0.02 mm；1.0 mL 的计数框，样品池为 50 mm×20 mm，底部均分为 40 个正方格，激光做线；样品池围边为玻璃对接。大型浮游生物计数框选用树脂材质，规格分为 5 mL 和其样品池为凹槽回路结构，底面抛光，具有极佳的透明度。大型浮游动物计数，也可以使用小平皿。

（三）显微镜

显微镜是由一个透镜或几个透镜的组合构成的一种光学仪器，是开展水生态监测工作的重要仪器设备。目前，在水生态监测领域应用较为广泛的主要为生物显微镜和体视显微镜。

1. 研究级生物显微镜

生物显微镜主要用来进行生物切片、生物细胞、细菌以及活体组织培养，流质沉淀等的观察和研究，同时可以观察其他透明或者半透明物体以及粉末、细小颗粒等物体。分为正置显微镜和倒置显微镜，相比普通生物显微镜，适合用于观察、记录附着于培养皿底部或悬浮于培养基中的活体物质，同时，在食品检验、水质鉴定、晶体结构分析及化学反应沉淀物分析等领域也发挥着巨大作用。

（1）正置生物显微镜和倒置生物显微镜的主要区别

在开展水生态监测工作中，使用最多的就是正置生物显微镜和倒置生物显微镜。二者有以下两点区别：

①正置生物显微镜

正置生物显微镜物镜转换盘朝向向下，载物台在物镜下方。当观察物体时，把被观察物放于载物台，物镜从上方靠近载玻片进行观察，工作距离比较短，观察切片等适合用正置显微镜。

②倒置生物显微镜

倒置生物显微镜物镜朝向向上，载物台在物镜上方。当观察活体细胞时最适合用这种显微镜，因正置生物显微镜的工作距离很短，没办法观察培养皿里面的活体细胞，而用倒置显微镜正好相反，只需将培养皿放于载物台上就能进行观察，因为倒置显微镜的光路是反的，聚光镜在上面，其工作距离长，可以轻松观察到培养皿里面的活体细胞。

（2）主要技术指标

①研究级显微镜

正置/倒置显微镜，可进行明场、相差及荧光的观察。

光学系统：UIS2 无限远校正光学系统。

调焦：载物台垂直运动方式距离不小于 25 mm，带聚焦限位器，粗调旋钮扭矩可调，最小微调刻度单位≤1 μm。

观察镜筒：宽视野三目镜筒。

照明装置：内装式透射光柯勒照明器，12 V/100 W 卤素灯，光强预设按钮，光强度 LED 指示器，内装式滤色镜（日光平衡滤色片、中性灰度滤色片）。

物镜：10 倍万能平场半复消色差物镜，20 倍万能平场半复消色差物镜带校正环，40 倍万能平场半复消色差油镜带校正环，100 倍万能平场半复消色差油镜带校正环。

载物台：右手低位置同轴驱动旋钮的高抗磨损性陶瓷覆盖层载物台。

目镜：10 倍宽视野目镜，视野数为 22。

物镜转换器：六孔物镜转盘。

微分干涉附件：10 倍、20 倍、40 倍、100 倍微分干涉棱镜。

聚光镜：八孔万能聚光镜，可装配相差附件、微分干涉附件、暗视野附件等。

ECO 功能："人走灯灭"，在无人操作的情况下，30 min 后卤素灯自动关闭。

②荧光照明系统

荧光滤色镜盒：备有可装入 8 个滤色镜立体镜套的转盘式滤色镜盒，内装光闸。

荧光照明装置：备有视场可变光阑，滤光片插板。

荧光激发块：红、绿、蓝 3 种颜色荧光激发块。

光源：100W 复消色差荧光光源。

③显微图像分析系统

高分辨率显微专用数码相机。

像素≥1730 万像素（最高分辨率≥4800×3600）。

制冷系统：低于环境温度 10 ℃。

测光方式：全芯片、30%、1%、0.1%测光模式。

图像采集速度>15 幅/s〔1600×1200 像素，以 800×600（1×1）像素为单位提供 1×1、2×2、4×4 的像素混合模式（binning）〕。

图像传输速度：3 s（最高分辨率）。

白平衡：自动、手动、点触式。

④图像处理软件

视图：多通道图像叠加、多图像并排比较、动态图像回放、多维图像并列显示。图像获取：单幅图像采集、动态图像采集、时间序列图像获取，白平衡、黑平衡设置，超级荧光模式。

图像处理：几何滤镜、合并滤镜。

m 图像分析：感兴趣区域和直线测量，可测量坐标及点位置，直线、曲线长度，规则及不规则图形的面积及周长的测量，谱线轮廓。

2. 体视显微镜

体视显微镜又称为"实体显微镜"或"解剖镜"，是一种具有正像立体感的目视仪器，体视显微镜操作简单，放大倍数一般为 7~42 倍，最大放大倍数为 180 倍。

其主要技术参数如下：

（1）目镜：平场三目目镜，放大倍数为 10 倍，视场直径为 18 mm。

（2）物镜：平场消色差物镜。

（3）光学放大倍数：40~1600 倍。

（4）总放大参考倍数：40~2800 倍。

（5）载物台：大小 160 mm×138 mm，移动范围 75 mm×50 mm。

（6）调焦系统：带限位和调节松紧装置的同轴粗微动，微动格值 0.002 mm。

（7）滤色片组：黄色、蓝色、绿色、磨砂玻璃。

（8）偏光装置：可插入式起偏振片和三目头内置检偏振片。

（9）照明系统：6 V/20 W 卤素灯，亮度可调；220 V（50 Hz）。

（四）便携式多参数监测仪

便携式多参数监测仪是一款新型多参数、宽量程的监测设备，可用于地表水、地下水、饮用水、海洋等不同水体的现场水质及蓝绿藻等部分水生态参数的监测，主要监测参数为常规五参数（温度、溶解氧、pH 值、电导、浊度）、叶绿素、蓝绿藻、氨氮等。

1. 仪器构成

主要由测量主机、电池仓、手持数据终端、数据电缆、标准液体和智能软件等构成。

2. 主要性能指标

（1）电池供电：DataSonde，8C，1.5 V 电池。

（2）通信接口：RS-232、SDI-12、RS-485。

（3）内存：120 000 次测量。

（4）操作温度：−5~50 ℃。

（5）最大测量深度：225 m。

（6）通信设备：①手持终端设备；②完备的设置功能，用户不必把笔记本电脑带到现场；③专为现场恶劣环境而设计、符合 NEMA6 的坚固防水外壳；④实时显示数据，可存储多达 375 000 个测量值；⑤另有 GPS 和大气压组件可选；⑥背光大屏幕显示屏方便在任何条件下浏览数据。

3. 传感器性能指标

（1）溶解氧：荧光法溶解氧，探头帽使用寿命为一年。

（2）pH值：玻璃电极法，参比电极可以在几秒内单独重新填充。

（3）电导率：四石墨电极法，耐腐蚀，可通过随机软件自动换算为盐度、总溶解固体、电阻。当参比电极电解液耗光时，无须更换 pH 电极，只须重新填充参比电极。

（4）ORP：钳电极法，与 pH 电极共用参比电极。

（5）蓝绿藻：体内荧光法，在淡水中测量藻青蛋白，海水中测量藻红蛋白。比常规的人工计数法测蓝绿藻有更突出的优点，节省大量的时间和人力。

（6）叶绿素 a：体内荧光法，与实验室的萃取法相比操作极为简单，精度高，量程大，非常适用于地表水、水源水的在线监测以及实验室便携使用。叶绿素的含量可以反映水体富营养化的程度。

（7）深度：压敏电阻法，有 4 种量程可选，分别为 10 m、25 m、100 m 和 200 m。

（五）生物毒性测定仪

生物毒性测定仪主要用于污水、废水、地表水、地下水等样品中生物毒素的快速检测，在 5~30 min 内提供综合毒素的检测。

1. 仪器构成

主要由检测器、数据存储单元、控制软件等构成，主要是运用发光细菌光强被毒素作用减弱的原理检测。适合实验室和野外快速检测。

2. 主要性能指标

（1）检测器：超高速胆光子计数光电倍增管。

（2）波长范围：380~630 nm。

（3）软件：内置控制软件，预置 6 个检测模板。

（4）数据存储：自动存储最近 2000 个测量结果，电池及 230 V/50 Hz 电源都可用，供电系统必须有电池供电功能，便于现场检测。

（5）LED 显示，RS-232 接口可将数据传送至 PC 或打印机。

3. 检测器性能指标

（1）测量方法：发光细菌法，采用经国际权威机构检测的费舍尔弧菌 Vibrio fischeri，符合 ISO11348-3 方法真空冻干包装，低温保存，寿命≥1 年。

（2）发光菌发光抑制率的毒性抑制效应检测，数据显示为：光抑制率或光增益率，单位:%。

（3）测量速度：最快能够在 5 min 内完成急性毒性测量。

（4）测量模式：标准方法急性毒性测量、快速毒性测量，支持 ATP 检测。

（5）ATP 检测中饮用水微生物最低检测限：100 cfu/ml。

第三节　水生态状况调查及监测断面布设

一、水生态状况调查

（一）主要调查内容

应有针对性地定期开展水生态状况调查，着重调查和收集待调查与监测区域范围内河流、湖泊（水库）等栖息地基础资料，主要包括水域自然状况调查、水生态环境质量状况调查、社会经济状况调查等方面。

1. 水域自然状况调查

（1）河湖自然状况背景特征

自然生态环境主要是指区域的地质、地貌、土壤及自然灾害等基本情况，具体包括以下内容：

①地质

包括调查区域所在的地质构造、地理位置、面积、地貌类型及其分布、海拔高度、地貌部位等。

②水文

主要包括：河流水系概况、主要水文特征值、河流水情要素、泥沙含量、水下地形、地下水调查等。

③气候

气候是降水和温度的决定因素，是水生态调查的重点，主要包括气候特性和主要气象要素特征值。

④自然灾害

包括地质灾害，如地震、泥石流、滑坡；气象灾害，如洪涝、旱灾等。

⑤水土保持

指水土流失、荒漠化及其他方面。

（2）自然资源状况调查

主要包括土地资源开发利用状况，水资源状况，植被分布状况，国家和省级濒危、珍稀和特有保护生物，以及外来物种，河流、河段或水域水生生物群落和主要经济鱼类基本情况等。

2. 水生态环境质量状况调查

水生态环境质量状况调查内容主要包括水环境质量及水体浮游植物、浮游动物、底栖生物、着生生物、大型水生维管束植物、鱼类等基本状况；人类活动，如水域周边工农业生产布局、水利工程、渔业养殖及捕捞、水污染事件、排污口布局和上游入河污染、生活污水、工业废水、农业面源污染等要素。

3. 社会经济状况调查

（1）人口和劳动力

包括总人口，男女人口，人口密度，人口在城镇和农村的分布，年龄结构，民族构成，劳动力，人口的出生率、死亡率及自然增长率等。

（2）城镇基础产业设施情况

交通运输的方式、运输能力、运输工具的情况，邮电通信、电力、城市乡镇的分布情况、规模及其公共设施、公用事业、城镇建设等情况。

（3）社会经济情况及产业状况

国民生产总值，国民收入，居民生活消费情况，第一、第二、第三产业等国民经济有关情况。

（二）水生态调查方法

水生态调查主要有三种方法，分别为收集资料法、现场调查法和遥感调查法。

1. 收集资料法

收集资料法主要包括查阅文献、座谈访问、问卷调查等方式方法。

2. 现场调查法

现场调查法主要包括现场声像摄录以及实地观测等方式方法。

3. 遥感调查法

GPS、RS 和 GIS 技术已成为水生态学调查的重要方法之一，3S 技术方法使水生态环境调查覆盖面更广，提高了野外调查的效率。

二、水生态监测断面布设

水生态监测主要涉及水质、沉降物、水生生物和栖息地四方面的监测。监测指标主要包括水质和沉降物指标，主要水体碳、氮、磷等营养指标，重金属指标，有机物指标，毒害物残留指标等。栖息地调查主要包括水文资料、沿岸形态、堤岸形态、岸边植物、人类影响、外来入侵物种等。水生生物则主要包括浮游生物、着生生物、底栖动物、鱼类、水生维管束植物及细菌等微生物。

（一）断面布设原则

根据全国河流水生态分区和全国湖泊地理分区确定的不同水生态类型与特征，开展水文水资源、物理结构、水质、生物以及社会服务功能等方面的调查监测工作。应根据水体面积、形态、水生生物的生长及生态分布特点、调查的目的等决定采样点数量。水生态监测断面布设应该遵循以下原则：

1. 采样点应有代表性，能反映调查与监测水域范围内不同水域实际状况。

2. 宜依托已建有的水文站、水质站进行水生态站网布设，最大限度地获取现有站点的水文、水质的资料，以更好更全面地评价水生态状况。

3. 应考虑实际采样时的可行性和方便性。

4. 对于重点江段、敏感生态区域、水源地、水生态问题突出的地区应优先或加密布设站网。

5. 具有较好的完整性，站网要覆盖上下游、左右岸，既能反映调查与监测水域水生生物状况，又能反映人类活动对水体生态状况的影响。

6. 断面应遵循不断优化的原则，以尽可能少的断面获取最具有空间代表性的监测数据。

（二）布设方法与要求

河流和湖泊（水库）等因水体状况不同，水生态监测断面布设方法也有所不同；因所采集的样品类型不同，布设要求也有所差异。

1. 在受人类活动影响相对较少的水域应布设对照采样断面。

2. 对于河流，在河流干流上游、中游、下游，主要支流汇合口上游、汇合后与干流充分混合处，在河流的激流与缓流水域（河滩、河汊、静水区）、城市河段、纳污水域、水源保护区、支流与汇流处、潮汐河段潮间带等代表性水域，应分别布设采样断面。

3. 对于湖泊（水库），宜在近岸和中部（库心）设点，可根据湖泊（水库）形状在在湖泊（水库）的进出口、岸边水域、开阔水域、汊湾水域等代表性水域分别布设采样断面。

4. 河流、湖泊（水库）水面宽度<50 m，可在中心布设 1 条采样垂线；宽度在 50~100 m 时，应布设左右两条采样垂线；宽度>100m 时，采样垂线布设不少于左、中、右 3 条采样垂线。

5. 入河排污口水域，分别在排污口上游 500~1000 m，下游 500 m、1000 m 及>1500m 处，布设对照和控制采样断面。

6. 浮游生物采样点的布设方法与要求：浮游生物会由于水的流速、深度及光照、营养等影响而呈现出聚集和分层等分布不匀的现象，因此在设置采样点时，需要根据水深和透明度等，分层设置采样点，或混合制成综合水样。需了解浮游生物垂直分布情况时，不同层次分别采样后，不须混合。

7. 底栖生物、着生生物和水生维管束植物，每条采样垂线布设一个采样点。

8. 采集鱼样时，应按鱼类的摄食和栖息特点（如肉食性、杂食性和草食性）、表层和底层等在监测水域范围内采集。

（三）采样时间与监测频次

水生态调查与监测应与地表水监测和水体沉降物监测采样时间与频次相结合，并同步进行水质、沉积物和水生生物采样。

国家重点和一般基本采样断面应每年搜集气象常规、自然地理、水文水情等相关信息，并按国家、水利行业及相关部门的规范要求进行统计分析。

国家重要基本断面所在河段或水域，栖息地调查与生物群落监测应以 3~5 年为周期，调查监测 1 次；国家一般基本断面所在河段或水域，栖息地调查与生物群落监测可参照执行。

在周期监测年份内，栖息地野外调查应选在基流条件（即平水期）或初夏季节调查 1次；每年可不重复地安排一部分河段或水域进行栖息地调查与生物群落监测，3~5 年内完成一个监测周期的水生态调查与监测。

国家重要基本断面水生物监测采样频次与时间应符合以下规定，国家一般基本断面可参照执行，专用断面按监测要求与目的确定。

1. 浮游生物每季采样 1 次，全年 4 次。

2. 着生生物春秋季各采样 1 次，全年 2 次。

3. 底栖动物春秋季各采样 1 次，全年 2 次。

4. 鱼类样品在秋季采集，全年 1 次；也可按丰、平、枯水期或一年四季采集。

5. 水体初级生产力监测每年不少于两次，春秋季各 1 次。

6. 主要入河排污口污水毒性生物测试可不定期进行，宜在排污口排放的有毒污染物浓度最高时采集样品。

（7）同一类群的生物样品采集时间（季节、月份）应尽量保持一致。浮游生物样品的采集时间以 8：00—10：00 为宜。

第四节　采样及检测分析

一、浮游植物监测

浮游植物通常是指在水中以浮游生活的微小藻类（主要为单细胞的藻类），而不包括细菌和其他植物，它们不能附着在任何基质上，通常生活在淡水和咸水环境的上层，由于对光的需求，一般在光能透过的真光层（5~100m），随着风浪、波浪和水流运动。

浮游植物是水生态系统中占优势的初级生产者，通过光合作用将无机物（如硝酸盐、铵盐、磷酸盐）转换为新的有机化合物（如脂肪和蛋白质），由此启动了水体食物链，是水体中的主要初级生产者，在水生态系统中具有重要地位。

浮游植物监测主要仪器设备包含采水器、浮游生物网、样品瓶、沉淀器、计数框、解剖镜、显微镜等。

（一）浮游植物的分类及形态

1. 淡水藻类分类

淡水常见浮游植物主要有八个门，分别为蓝藻门、金藻门、黄藻门、硅藻门、甲藻门、隐藻门、裸藻门、绿藻门。

湖泊、水库中最常见的种类有蓝藻门、绿藻门、硅藻门、甲藻门、隐藻门，其种类数都较多。

（1）甲藻门常见种类：多甲藻（有壳片）、裸甲藻。

（2）隐藻门常见种类：隐藻、蓝隐藻。

（3）金藻门常见种类：锥囊藻。

（4）黄藻门：黄丝藻。

2. 藻类形态

藻类细胞的形态多种多样，主要有球形、椭圆形、卵圆形、多角形、三角形、圆筒形、圆柱形、纺锤形、纤维形、棒形、弓形、新月形等。

（二）浮游植物采集

浮游植物的采集包括定性采集和定量采集。

定性采集采用 25 号筛绢（孔径 0.064 mm）制成的浮游生物网在水体表面以"8"形来回拖拽采集 1~5 min（采集时间可根据浮游植物密度灵活掌握）。样品瓶上应写明采样类型、采样日期、采样点、采水量等。采样时间应尽量在一天的相近时间，例如，在 8：00—10：00。除进行活体观测外，一般按水样体积加 1.5% 的鲁哥氏溶液固定，静置沉淀后，倾去上层清水，将样品装入样品瓶中。

定量采集则采用 2500 mL 采水器取上、中、下层水样，经充分混合后，取 1~2 L 水样（根据水体泥沙含量、浮游植物数量等实际情况决定取样量），加水样体积 1.5% 的鲁哥氏溶液固定，经过 48 h 静置沉淀，浓缩定容至 30 mL，保存待检。

（三）浮游植物固定、沉淀和浓缩

计数用水样应立即用 15 mL 鲁哥氏液加以固定（固定剂量为水样的 1.5%），需长期保存样品时，可按 100 mL 水样加入 2~3 mL 福尔马林液。在定量采集后，同时用 25 号筛绢制成的浮游生物网进行定性采集，专门供观察鉴定种类用。

沉淀和浓缩可在筒形分液漏斗或其他沉淀器中进行，固定后的浮游植物水样摇匀倒入固定在架子上的 1L 沉淀器中，2 h 后将沉淀器轻轻旋转，使沉淀器壁上尽量少附着浮游植物，再静置 24~48 h。充分沉淀后，用虹吸管慢慢吸去上清液。虹吸时管口要始终低于水面，流速、流量不能太大，沉淀和虹吸过程不可摇动，如搅动了底部应重新沉淀。吸至澄清液的 1/3 时，应逐渐减缓流速，至留下含沉淀物的水样 20~25 mL（或 30~40 mL），放入 30 mL（或 50 mL）的定量样品瓶中。用吸出的少量上清液冲洗沉淀器 2~3 次，一并放入样品瓶中，定容到 30 mL（或 50 mL）。如样品的水量超过 30 mL（或 50 mL），可静置 24 h 后，或到计数前再吸去超过定容刻度的余水量。浓缩后的水量多少要视浮游植物浓度大小而定，浓缩标准以每个视野里有十几个藻类为宜。例如，在水体发生水华期间，有些不需要浓缩，直接取原液计数即可。

而在野外一般采用分级沉淀方法，即先在直径较大的容器（如 2 L 水样瓶）中经 48 h 的静置沉淀，然后用细小玻管（直径小于 2 mm）用虹吸方法缓慢地吸去 1/5~2/5 的上层清液，注意不能搅动或吸出浮在表面和沉淀的藻类（虹吸管在水中的一端可用 25 号筛绢封盖），静置沉淀 24 h，吸去部分上清液。如此重复，使水样浓缩到 200~300 mL。然后仔细保存，以便带回室内做进一步处理。在要长期保存的样品中加入少许甲醛，并用石蜡封口。并在样品瓶上写明采样类型、采样日期、采样点、采水量等。

（四）浮游植物样品种类鉴定

采用生物显微镜进行鉴定。一般对于采集到的优势种类应鉴定到种，其他种类一般鉴定到属。种类鉴定除用定性样品进行观察外，微型浮游植物需吸取定量样品进行观察，但要在定量观察后进行。

（五）浮游植物样品定量计数及数据处理

目前，我国通用的计数框是由玻璃条组成的方框，先将样品浓缩、定量至约 30 mL（或者 50 mL、100 mL 等整量），摇匀后吸取 0.1 mL 样品置于 0.1 mL 计数框内（面积 20 mm×20 mm），根据藻细胞密度情况，在显微镜下选择合适方法计数。常见有行格法、视野法和全片计数法。数量较多时，可使用视野法；数量较少时，采用全片计数法。每个样品计数两次，取其平均值，每次计数结果与平均值之差应在 15% 以内，否则增加计数次数，直至 3 片平均数与相近两数之差不超过均数的 15% 为止，这两个相近值的平均数即可视为计算结果。

浮游植物计数单位用细胞个数表示。对不易用细胞数表示的群体或丝状体，可求出平均细胞数。浮游动物计数单位用个数表示。

为了减少工作量，一般不对整个计数框内水样中的浮游植物都计数，而只计数其中的一部分。选取多少部分计数也是一个次级抽样过程，要考虑抽样大小的代表性。常用的方法有目镜行格法和目镜视野法等。

若采用目镜行格法，就是将目微尺上的刻度作为横格，计数时，只计数横格内的藻类，连续移动，计数完一横格内的藻类。计数的横格数要根据藻类的多少确定，一般为5~20行。

若采用目镜视野法计数，即用显微镜目镜视野选取计数的面积，首先用台微尺量取在一定放大倍数下的视野直径，按圆的面积计算公式计算出面积。为使选取的视野在计数框上有均匀分布，可利用计数框上的方格或者显微镜的机械移动台上的标尺刻度进行控制，计数的视野数应根据样品中浮游植物数量进行确定，一般为 50~300 个，为了减少工作量，可先计数 100 个视野，如计数后数量太少，再增加计数视野，如果数量很少则全片计数。一个水样一般计数两次，其结果与平均数的差应不大于±15%，否则须继续取样计数。

（六）注意事项

1. 采用上述某种计数方法后，不可随意改变，以保证结果的可比性。

2. 对于形成水华的优势种，如微囊藻，计数前可用加碱、加热、用力摇散等方法使之散开为单个细胞或少数细胞的群体。

3. 计数前应对样品做定性观察，以熟悉主要种类及其形态特征。

4. 计数时应将注意力集中在主要种类上，对于数量极少的稀有物种，一时确定不了归属的，可先计数，需要时再另行鉴定种类。

5. 如遇到一个浮游植物个体或细胞一部分在视野内，可以进行约定，在上半视野不计数，在下半视野计数。

二、浮游动物监测

浮游动物是指悬浮于水中的水生动物，它们游泳能力很弱。浮游动物是中上层水域中鱼类和其他经济动物的重要饵料，对渔业的发展具有重要意义。不少种类可作为水污染的指示生物，此外，部分种类在毒性毒理试验中用来作为实验动物。

浮游植物监测主要仪器设备包含采水器、浮游生物网、样品瓶、沉淀器、计数框、解剖镜、显微镜等。

（一）浮游动物的分类

浮游动物的组成十分复杂，但在淡水水域中主要由原生动物、轮虫、枝角类、桡足类四大类水生无脊椎动物组成。

（二）原生动物和轮虫的采集、固定及浓缩

原生动物和轮虫的采集包括定性采集和定量采集。采样时，浮游动物定量用的 25 号生物网，应该同浮游植物、原生动物和轮虫定性采集的 25 号生物网分开。如果共用一个 25 号生物网，应先进行定量采集，后进行定性采集。

定量采集则采用 2500 mL 采水器在不同水层中采集一定量的水样，经充分混合后，取 2000 mL 的水样，然后加入鲁哥氏液固定，经过 48 h 以上的静置沉淀浓缩为标准样。

在定量采集后，同时用 25 号筛绢制成的浮游生物网在水中拖曳进行定性采集，将网头中的样品放入 50 mL 样品瓶中，加鲁哥氏液或者福尔马林液进行固定。样品瓶上应写明采样类型、采样日期、采样点、采水量等。采样时间应尽量在一天的相近时间，例如，在 8：00—10：00。

样品采集后应立即用鲁哥氏液加以固定（固定剂量为水样的 1.5%）。需长期保存的样品，可按 100 mL 水样加入 2~3 mL 福尔马林液，并用石蜡封口。样品瓶上应写明采样日期、采样点、采水量等。

原生动物和轮虫样品的沉淀和浓缩在筒形分液漏斗中进行，但在野外一般采用分级沉淀方法。即先在直径较大的容器（如 2 L 水样瓶）中经 48 h 的静置沉淀，然后用细小玻管（直径小于 2 mm）用虹吸方法缓慢地吸去 1/5~2/5 的上层的清液，注意不能搅动或吸出浮在表面和沉淀的生物（虹吸管在水中的一端可用 25 号筛绢封盖），静置沉淀 24 h，再吸去部分上清液。如此重复，使水样浓缩到 200~300 mL。仔细保存，以便带回室内做进一步处理。

（三）枝角类和桡足类的采集、浓缩和固定

枝角类和桡足类的采集包括定性采集和定量采集。定性采集采用 13 号筛绢制成的浮游生物网在水中拖曳采集，将网头中的样品放入 50 mL 样品瓶中，加福尔马林液 2.5 mL 进行固定，专门供观察鉴定种类用。样品瓶上应写明采样类型、采样日期、采样点、采水量等。采样时间应尽量在一天的相近时间，例如在 8：00—10：00。

定量采集则采用 2500 mL 采水器在不同水层中采集一定量的水样，经充分混合后，取 10 L 的水样用 25 号筛绢制成的浮游生物网过滤后，将网头中的样品放入 50 mL 样品瓶中，加福尔马林液 2.5 mL 进行固定。定量采集采用过滤法，实际上在采集的同时，已经进行了浓缩处理。

水样应立即用福尔马林液加以固定（固定剂量为水样的 5%）。需长期保存样品，再在水样中加入 2 mL 左右福尔马林液，并用石蜡封口。在定量采集后，同时用 13 号筛绢制成的浮游生物网进行定性补充采集。

（四）浮游动物种类鉴定

一般对于采集到的优势种类应鉴定到种，其他种类一般鉴定到属。一些疑难种类应将样品保存，以备将来进一步鉴定。

（五）浮游动物监测注意事项

1. 原生动物、轮虫体长、体宽、体厚的测定必须在活体状态下进行。

2. 原生动物、轮虫或甲壳动物，同一种类的质量有时相差很大，因此，在有条件的情况下，应对水体中浮游动物的优势种类进行测算。

三、着生生物监测

着生生物即周丛生物，是指附于长期浸没于水中的各种基质（植物、动物、石头、人工基质）表面上的有机体群落。其监测主要采用的仪器设备包含玻片、硅藻计、显微镜、离心机、分样筛等。下面主要介绍着生藻类的监测。

（一）着生生物分类

着生基质的不同性质也会影响周丛生物的群落组成。它包括许多生物类别，如细菌、真菌、藻类、原生动物、轮虫、甲壳动物、线虫、寡毛虫类、软体动物、昆虫幼虫，甚至鱼卵和幼鱼等。

（二）着生生物的采集及固定

着生生物的采集时间最好安排在水流条件稳定的时期，采样时间要根据不同地区的水文条件特点来确定。一般来说，突发事件（洪水或干旱）发生后至少四个星期以上才能采样，重复采样应尽量设置在每年的同一时期，对我国大部分地区来说，春末和秋初是较佳的采样时期。着生生物采集一般采用天然基质法或人工基质法。

1. 天然基质法

天然基质法是利用一定的采样工具，采集生长在水中的天然石块、木桩、大型水生植物等天然基质上的着生生物。根据以下 3 条标准按优先次序选择采样生境：①在水流速度为 15 cm/s 左右的区域选择石头、木头或植物等基质；②在流速小于 15 cm/s 的区域选择石头、木头或植物等基质；③在缓流区采集软的底质样品。水底石块、木桩、树枝等基质上的着生生物可用刀片或硬刷刮（刷）到盛有蒸馏水的样品瓶中，再将基质冲洗干净，冲洗液装入样品瓶中。水体中若有大型水生植物大量分布，亦可采集整株水草，带回实验室。在室内从水草根部起，依次刮取植株上的所有着生生物。除此外，现场来不及刮样时，可将基质带回室内刮取。

2. 人工基质法

人工基质法是将玻片、硅藻计和 PFU 等人工基质放置于一定水层中，时间不得少于 14 天，然后取出人工基质，采集基质上的着生生物。用天然基质法和人工基质法采集样品时，应准确测量采样基质的面积。采集的着生生物样品，除进行活体观测外，一般按水样体积加 1% 的鲁哥氏溶液固定，静置沉淀后，倾去上层清水，将样品装入样品瓶中。

3. 采样注意事项

可根据如下标准按优先次序选择采样生境：在水流速度为 15 cm/s 左右的区域选择石头、木头或水生植物等基质，在流速小于 15 cm/s 的区域选择石头、木头或水生植物等基质，在缓流区采集软质的底泥样品。

由于着生生物采样时，基质选择的影响，可能导致着生生物定量信息的差异比较大。因此，相比于现存量，着生生物分析通常更关注生物群落结构和组成。一定程度上，物种间的现存量的比例结构比现存量本身反映的信息更为可靠。

着生生物定量分析，需要准确测定采样面积等信息。通常若选用石块等天然基质，则放置在白瓷盘中，先用 PVC 管在基质表面印下圆形印迹（面积 12 cm^2），小心刮下印迹内表层样品，再刷下更紧密附着样品，用洗瓶将样品冲洗到烧杯中；样品混匀后倒入刻度采样瓶，贴上标签，记录下样品的总体积和采样总面积，加入总体积的 4% 的无水甲醛保存；如果无法采集到硬质基质，选择缓流或静水生境，将 PVC 管插入底质 1.5 cm 处，用铲子封住下端管口，将收集到的底质样品冲洗到烧杯中，再倒入采样瓶保存。若采用硅藻等人工基质，也要准确测量采样基质的面积。

（三）着生生物的种类鉴定及定量分析

1. 样品处理

着生藻类样品用鲁哥氏液固定，用量为水样体积的 1%~1.5%。着生原生动物样品则将样本连同基质分别放入盛有采样点水样的广口瓶内，其中一瓶用鲁哥氏液固定，另一瓶不加固定液，供活体观察用。

着生藻类主要是硅藻，硅藻种类的鉴定主要依据硅藻壳面的形态及壳面的纹饰，为了清楚地看出壳面的纹饰，在进行种类鉴定之前，样品须经过消化，去除其中的有机物质。淡水硅藻样品通常可用酸消化，具体操作步骤如下：

（1）用吸管吸取一定量的样品到玻璃小指管中，记下取样体积。

（2）加入与样品等量的浓硫酸，同时轻轻摇动指管，使酸与标本充分接触。

（3）吸取与标本等量的浓硝酸，沿玻璃小指管的侧壁慢慢滴入。

（4）将小指管侧壁在酒精灯上烤热离开，再烤热再离开，直至标本变白，液体变成无色透明或略呈淡黄色透明为止。

（5）待标本冷却后用低速离心机沉淀。

（6）吸出上清液，加入与标本等量的重铬酸钾饱和溶液，静置 24 h 后吸去上清液。

（7）离心去除上清液，加入蒸馏水冲洗，离心除去上清后再次冲洗，如此反复冲洗 3~4 次，直至样品的酸液去除为止。

（8）样品用 95% 乙醇冲洗 2~3 次后备用。

2．标本制作

制作着生藻类标本时，先将样品混匀，吸取制备好的一定体积（30~40 μL）样品滴在干净的盖玻片上，风干后在酒精灯上微微烧烤去除水分；待样品冷却，在盖玻片上先后滴加一定体积的二甲苯和树胶，然后将有胶的一面盖在载玻片正中；待树胶风干后，在载玻片上贴上标签，以备鉴定。

3．样品鉴定

着生生物种类鉴定和定量方法基本同浮游生物。着生优势种类须鉴定到种，其他种类至少鉴定到属。如果是经过处理和制片的着生藻类，则利用放大 1000 倍的显微镜观察，在随机的视野中检测至少 300 个硅藻壳瓣，并鉴定到种的水平，在记录表上记录所观察到种类的个体数以及视野种数。

四、底栖生物监测

底栖生物指的是生活史的全部或大部分时间生活于水体底部的水生无脊椎动物类群，是水生态系统的一个重要组成部分。按照起源，可分为原生底栖动物和次生底栖动物。在这里主要是指对大型无脊椎动物的监测。

底栖动物的种类繁多，采样监测时，在水体中选择有代表性的点，用采泥器进行采集作为小样本，由若干小样本连成的若干断面为大样本，然后由样本推断总体。底栖动物采样点的设置要尽可能与水的理化分析采样点一致，以便于数据的分析比较。主要采用的监测仪器设备包含采泥器、解剖镜、显微镜、天平（精密度 0.1 g）、尖嘴镊、解剖盘、分样筛等。

（一）大型无脊椎动物采集、分样及固定

1. 样品采集

底栖动物定量样品可用彼得逊采泥器或用铁丝编制的直径为 18 cm、高 20 cm 圆柱形铁丝笼，笼网孔径为 5±1 cm、底部铺 40 目尼龙筛绢，内装规格尽量一致的卵石，将笼置于采样垂线的水底中，14 天后取出。从底泥中和卵石上挑出底栖动物。

（1）定量样品的采集

用采泥器在沿岸带、敞水带及不同的大型水生植物分布区设置采样点或断面，每个采样点采集两个样品。

如采样点底质为卵石、砾石，上述采样器无法采样，则可用人工基质采样器采集定量样品。采样时各采样点底部应放置两个采样器，放置时间一般为 14 天。

螺、蚌等较大型底栖动物，一般用带网夹泥器采集。采得泥样后应将网口闭紧，放在水中涤荡，清除网中泥沙，然后提出水面，拣出其中全部螺、蚌等底栖动物。

水生昆虫、水栖寡毛类和小型软体动物，用改良彼得逊采泥器采集。将采得的泥样全部倒入塑料桶或盆内，经 40 目、60 目分样筛筛洗后，拣出筛上可见的全部动物。如采样时来不及分拣，则将筛洗后所余杂物连同动物全部装入塑料袋中，缚紧袋口带回室内分拣。如从采样到分拣超过 2h，则应在袋中加入适量固定液。塑料袋中的泥样逐次倒入白色解剖盘内，加适量清水，用吸管、小镊子、解剖针等分拣。如带回的样品不能及时分拣，可置于低温（4℃）保存。

各采样点上，用上述两种采样器各采集 2~3 次样品。水库中无螺、蚌等较大型底栖动物时，可用不带网夹的采泥器进行定量采样。

（2）定性样品的采集

将三角拖网系在船尾，在每个定量样品采集点拖曳一定距离进行采集，或用手抄网在岸边与浅水处采集。以 40 目分样筛，挑出底栖动物样品。

2. 样品的洗涤

（1）用带网夹泥器采得泥样后应将网口闭紧放在水中涤荡，清除网中泥沙，然后提出水面拣出其中全部螺蚌等底栖动物。

（2）用改良彼得逊采泥器采得泥样后应将泥样全部倒入塑料桶或盆内经 40 目分样筛（筛卷网）筛洗后拣出筛上肉眼能看得见的全部动物，如采样时来不及分拣则可将筛洗后所余杂物连同动物全部装入塑料袋中缚紧袋口（或 1 L 广口塑料瓶）后带回室内分拣，如

从采样到分拣超过 2 h，则应在袋中加入适量固定液，塑料袋中的泥样可逐次倒入白色解剖盘内，加适量清水用细吸管、尖嘴镊、解剖针等分拣。

底栖动物样品一般使用乙醇和甲醛来固定和保存。

软体动物宜用 75%乙醇溶液保存，4~5 d 后换一次乙醇溶液。也可用 5%甲醛溶液固定，但要加入少量苏打或硼砂中和酸性甲醛。还可去内脏后保存空壳。

水生昆虫可用 5%乙醇溶液固定，5~6h 后移入 75%乙醇溶液中保存。

水栖寡毛类应先放入培养皿中，加少量清水，并缓缓滴加数滴 75%乙醇溶液将虫体麻醉，待其完全舒展伸直后，再用 5%甲醛溶液固定，75%乙醇溶液保存。

（3）用人工基质采样器采得样品后可直接拣出卵石及筛绢上的全部底栖动物样。

3. 样品的分拣

标本需用小镊子、解剖针或吸管拣选，柔软较小的动物也可用毛笔分拣。此时，要避免损伤虫体；每一塑料袋的样品拣完后，需将袋内的标签放进指管瓶内，并在每瓶外面贴上标签。

（二）种类鉴定

软体动物一般鉴定到种，至少鉴定到属；水生昆虫一般鉴定到科或属，少数类群可鉴定到种；水生寡毛类和摇蚊科幼虫至少鉴定到属。鉴定水生寡毛类和摇蚊科幼虫时，应在解剖镜或低倍显微镜下进行制片，一般用甘油当透明剂。

如需对小型底栖动物保留制片，可将保存在 75%乙醇溶液中的标本取出，用 85%、90%、95%、100%乙醇进行逐步脱水处理，一般每 15 min 更换一次，直至将标本水分脱尽，再移入二甲苯溶液中透明，然后将标本置于载玻片上，摆正样本的姿势，用树胶或 Puris 胶封片。

（三）定量计数及生物量测定

每个采样点所采得的底栖动物应按不同种类准确地统计个体数。在标本已有损坏的情况下，一般只统计头部，不统计零散的腹部、附肢等。

每个采样点所采得的底栖动物应按不同种类准确地称重。称重前，先把样品放吸水纸上轻轻翻滚，吸去体表水分，直至吸水纸上没有水痕为止，大型双壳类应将贝壳分开去除壳内水分。软体动物可用托盘天平或盘秤称重，水生昆虫和水生寡毛类应用扭力天平称重或电子天平称重。先称各采样点的总重，再分类称重。

将所获得的数据换算成单位面积上的个数（密度，ind. /m^2）和质量（生物量，

g/m^2）。再将所有采样点的数据进行累计、平均，算出采样月（季或年）整个水体底栖动物的平均密度和平均生物量。

（四）底栖生物监测注意事项

在分样及样品筛选过程中，尽可能在标本生活状态下开展。

第五节　现代技术在水生态监测中的应用

随着监测需求的增加以及科技的不断发展，许多新的生态监测技术在日常监测生产中得以推广应用，如在线自动监测技术、遥感监测技术、分子生物学及生物技术等。以下是对在线自动监测、遥感监测和分子生物学技术在水生态监测中应用的简单介绍。未来生态监测将和自动化、仿生学、遥感方面有越来越紧密的结合，监测行业将进一步从目前人工采样和实验室分析为主向自动化、智能化和网络化为主的监测方向拓展。

一、水生态在线自动监测

随着科技的进步，自动化技术也逐渐与水生态监测相结合，构成水生态自动监测系统，实现了部分数据的自动、连续监测。在线监测系统由采样单元、分析测试单元（监测仪器）、数据采集与传输单元、监控中心四部分组成。目前，基于发光菌、水蚤、藻类、贝类、鱼类等不同指示生物的在线生物毒性测定仪，叶绿素 a-蓝绿藻在线监测仪，以及藻类、鱼类等水生生物在线监测系统不断涌现。

（一）叶绿素 α-蓝绿藻在线监测仪

测量原理是基于荧光光度计原理：它主要由氙灯光源、光栅、光电倍增管、A/D 转换器、计算机等组成。当光线以一个特定的波长（叶绿素 α 在 430 nm，蓝绿藻在 590 nm）射出（激发态），某些化学物质会再发射出一种较前者更长的波长（叶绿素 α 在 680 nm，蓝绿藻在 650 nm）的光（发射态）。非常少量的化学物质就会发出具有高度选择性荧光因而得以测量。这些发射光可以被一个高精密的光电倍增器检测到，以至检测出几毫克每升的低浓度。

（二）藻类在线分析仪

藻类在线分析仪适合水藻类爆发性繁殖、河流湖泊藻类生长等情况的在线监测。该设备可直接检测叶绿素荧光，并且可以通过用不同颜色的发光二极管做激发光源区分藻的类别，以计算绿藻、蓝绿藻、棕藻（硅藻和甲藻）及隐藻的叶绿素含量，分别估计出不同类别藻的浓度。该设备还可以检测样本中叶绿素荧光活性，即在特定条件下显示光合作用意义下活叶绿素的百分比。

（三）综合毒性分析仪

这类仪器可分为以藻为探测生物、以蚤为探测生物及以鱼为探测生物等类型。下面对以蚤为探测生物的综合毒性分析仪做简单介绍，该仪器是以水蚤作为探测生物，检测水样对水蚤的数量、移动速度、游动高度和环游频率的影响。仪器利用摄像和图像分析技术连续检测被测样品对水蚤的活性的影响，进而确定其毒性强弱。系统每分钟完成一个监测周期，在一个检测周期内检测活动蚤的个数、每个蚤的游动轨迹，并据此计算每个蚤的平均游动高度、所有蚤的平均游动高度、每个蚤的平均游动速度、所有蚤的平均游动速度、每个蚤的游动轨迹分数维、竖向分散度、水平分散度等。再根据以上数据计算毒性综合指标。

（四）流式细胞摄像系统

流式细胞摄像系统综合了显微镜法、叶绿素荧光法和流式细胞仪法的功能。利用 Flow Cam 内置的荧光检测器，可以灵敏地检测浮游植物体内的叶绿素、藻红素和藻蓝蛋白，可以在现场测定样品中浮游植物各类群的生物量（叶绿素），可以对浮游植物和浮游动物进行自动计数（密度），并且利用显微镜结合 CCD 成像可以自动获取浮游生物影像特征。

流式细胞摄像系统可以对探测到的浮游生物进行计数和摄像，能够给出每一种浮游生物的尺寸、图像及叶绿素和藻红蛋白的含量，并对浮游生物的图像进行处理，经图库比对后对浮游生物进行分类测量和识别。对 $10 \sim 1000 \ \mu m$ 的水样，无须处理即可以 $10 \ mL/min$ 的速度进行测定。

由于流式细胞摄像系统结合了许多技术的优点，其应用有效地提高了工作效率，扩大了监测范围，增加了监测频次，在国外迅速从海洋推广到淡水生态系统，呈快速增长趋势。

二、遥感监测

（一）水生态遥感监测的基本原理

水生态遥感指应用地面、航空、航天等遥感平台对河流、湖泊、水库和海洋进行探测，诊断水体的反射、发射、吸收特征的变化，从而实现快速确定水生态的监测方法。水生态遥感常用的仪器有红外扫描仪、多光谱扫描仪、微波系统和激光雷达等。监测对象主要是水面油污染、水中悬浮物、污水排放、赤潮藻类的类型和密度等。

水体的光学特征集中表现在可见光在水体中的辐射传输过程，包括水面的入射辐射、水的光学性质、表面粗糙度、日照角度与观测角度、气水界面的相对折射率，以及在某些情况下还涉及水底反射光等。水体的光谱特性不仅是通过表面特征确定的，它还包含了一定深度水体的信息，且这个深度及反映的光谱特性是随时空而变化的。水色（即水体的光谱特性）主要决定于水体中浮游生物含量（叶绿素浓度）、悬浮固体含量（浑浊度大小）、营养盐含量、有机物质、盐度指标，以及其他污染物、底部形态（水下地形）、水深等因素。

对于清水，在蓝—绿光波段反射率为 4% ~ 5%。0.5 μm 以下的红光部分反射率降到 2% ~ 3%，在近红外、短波红外部分几乎吸收全部的入射能量。因此水体在这两个波段的反射能量很小。这一特征与植物形成十分明显的差异，水在红外波段（NIR、SWIR）有强吸收，而植物等在这一波段有一个反射峰，因而在红外波段识别水体是较容易的。

（二）遥感在水体富营养化监测中的应用

水体的富营养化通常表现为藻类的大量繁殖，在一定条件下，藻类死亡分解可能导致水体溶解氧大量消耗和藻毒素的释放，从而导致鱼类和贝类的死亡，危害供水安全。这些藻类以蓝绿藻为主，均含有叶绿素 α，它们的存在使得近红外波段进入水体反射率明显上升。叶绿素在蓝波段的 440 nm 以及红波段的 678 nm 附近有显著的吸收，当藻类密度较高时水体光谱反射曲线在这两个波段附近出现吸收峰值。因此，可利用遥感影像对其进行动态监测预警。

在水体富营养化的研究中，水体在藻类大量繁殖和大量死亡分解阶段均体现不同的光谱特征。浮游植物中的叶绿素对近红外光具有明显的"陡坡效应"。在藻类大量繁殖时，水体在彩色红外影像呈红褐色或紫红色；当藻类大量死亡后，水中含有丰富的消光性有机分解物，在影像上水体会呈现近于蓝黑的暗色调，这两阶段在影像上也可能出现综合反映。

（三）遥感监测水体富营养化的目的和意义

利用遥感技术实现水生态监测具有重要的现实意义。利用卫星遥感、GIS 等新兴技术手段对太湖、巢湖、滇池等大型湖泊的水生态监测，尤其是蓝藻水华的监测，已经收到了较好的效果，为蓝藻水华动态监测以及防治决策提供了重要的技术支持。

三、分子生物学技术

分子生物学是研究核酸、蛋白质等生物大分子的功能、形态结构特征及其重要性和规律性的科学。近年来，生态环境污染治理和监测的精确性要求日益增强，生态环境污染治理和监测已逐渐由宏观向微观发展。利用分子生物学技术已揭示了许多生态学中的重要机理，同时，先进的分子生物学技术也为环境监测、污染治理和生态修复等应用技术提供了更快速、更灵敏、更科学的依据与方法。

（一）在定性监测中的应用

分子生物学监测技术采用分子生物学手段，提取 DNA 等遗传物质，进行 PCR 扩增，再进行基因测序，或者使用基因探针等，均可快速实现种类鉴定。目前，测序技术、探针技术等各种技术已经相当普及，其成本低廉，可以逐步应用到一线生态监测中。

在病原体的检测中，PCR 技术适用于检测不能培养的微生物，已逐渐取代了传统的分离培养法，用于土壤、水样、沉积物等环境标本的检测，极大地提高了监测效率。在实际检测中，不同的微生物病原体具有不同的致病剂量，确定环境样品中病原体的数量和种类，提高检测的准确度至关重要。有研究表明，饮用水样品中只有不到 1% 的微生物可经实验室培养。PCR 技术由于灵敏度高，可在浓度很小的情况下检出病原体，而且比电镜更加灵敏、简便，特异性更高，可以针对某种或某几种致病微生物做出检测判断，在水环境微生物检测中得到广泛应用。

（二）在定量监测中的应用

每个生物个体都有其特殊的基因，但是每一个物种都有其属于本物种的特征基因。通过对这些基因的检测，可以进行定性分析，同样对基因量的检测，可以对物种进行定量分析。定量提取 DNA、蛋白质等物质后，在微量紫外分光光度计上进行浓度测定，简单方便，可用于定量监测。稍复杂的荧光定量 PCR 技术，可以实现对特征基因拷贝数的定量，从而实现对物种的个体数的定量分析。

（三）在生态毒理学监测中的应用

有毒物质与细胞 DNA 相互作用形成共价结合物被认为是化学致癌、致畸、致突变过程启动的关键步骤，DNA 与化学物质之间的作用反映了化学物质的遗传学毒性。所以，利用化学有害物质对遗传物质 DNA 的损伤和对染色体的致畸作用，可以实现对有生物毒害作用的微量物质的检测，如环境"三致"物的监测。实际上，基于发光菌、水蚤、藻类、贝类、鱼类等不同指示生物的生物毒性分析技术，紫露草微核监测技术，蚕豆根尖微核监测技术等依据的都是化学有害物对遗传物质 DNA 的损伤和对染色体的致畸作用。

（四）在多样性监测中的应用

通过对样品遗传物质 DNA 的提取，再通过变性梯度凝胶电泳 DGGE、宏基因组学等相关技术，可以在基因层面对系统内物种的多样性进行调查监测。DGGE 已广泛用于分析自然环境中细菌、蓝细菌、古菌、微型真核生物、真核生物和病毒群落的生物多样性。这一技术能够提供群落中优势种类信息并同时分析多个样品，适合于调查群落组成和种群的时空变化。宏基因组也称微生物环境基因组，其定义为生境中全部微小生物遗传物质的总和，是一种以环境样品中的微生物群体基因组为研究对象，以功能基因筛选和（或）测序分析为研究手段，以微生物多样性、种群结构、进化关系、功能活性、相互协作关系及与环境之间的关系为研究目标的微生物研究方法。

第四章 应急监测

水文应急监测通常是指在与水有关的突发性事件发生时或发生后，通过对水体要素、水文要素等进行突击性紧急监测，及时取得现场水文基本信息，为政府科学减灾提供信息服务和决策支持。

第一节 应急监测的特点及主要工作内容

一、突发性水事件的特性

近些年，极端气候、地质灾害和水污染等突发性水事件频繁发生，使各级政府在应急响应和科学减灾方面面临的任务越来越重，压力越来越大。可以毫不夸张地说，没有水文应急监测信息的支撑作用，就不可能有应急处置的科学决策和最后胜利。

在我国，突发性水事件存在如下特性：

（一）事件的多样性

世界范围内重大的突发性自然灾害包括旱灾、洪涝、台风、风暴潮、冻害、雹灾、海啸、地震、火山、滑坡、泥石流、森林火灾、农林病虫害等。一些突发性自然灾害最终会演变成突发性水事件，如海啸、地震、滑坡、泥石流等。

在我国，突发性水事件种类繁多，除了火山爆发以外，所有的自然灾害都存在，比较突出的是洪涝灾害、干旱及地震。

除了自然灾害引发的突发性水事件外，近些年突发性水污染事件呈逐年上升的趋势。

（二）分布的广泛性

我国复杂的地形、广阔的地域也使得突发性水事件分布非常广泛。

从气候和地形看，我国地处东亚季风区的特殊地理位置，季风异常，来时就会涝，退时就成旱，旱涝已成常事；地势从海拔 8000 多米到海平面有着三大台阶的跨越，沟壑纵横，山势陡峭，地质灾害易发；地处欧亚、太平洋和印度洋三大地质板块交汇地带，大陆地震占全球的 1/3，是世界上大陆地震最多的国家之一；我国 70% 以上的城市、50% 以上的人口分布在气象、地震、地质、海洋等自然灾害严重的地区；2/3 以上的国土面积受到洪涝灾害的威胁；约占国土面积 69% 的山地、高原区滑坡、泥石流、山体崩塌等地质灾害频繁发生。

（三）事件的频发性

我国受季风性气候影响，一些主要的气候灾害，尤其是区域性的洪涝灾害和局部的旱灾非常严重，基本上每年都会发生，事件发生的频率非常高。另外，我国处在太平洋、亚欧、印度洋板块交汇的地方，地震时常发生。

二、水文应急监测的特点

水文应急监测有广义和狭义之分，所谓广义水文应急监测是指常规和非常规情况下的水文应急监测工作，而狭义的水文应急监测则是指针对突发性水事件的非常规状态下的水文应急监测工作。

所谓常规水文应急监测，是指既是水文的常规工作，又有应急特点，如遇到大洪水时的高洪应急监测与水情预测预报、遇到特枯年份时的应急调水监测与旱情预测预报，虽然这些都是水文的正常工作内容，但在服务需求、技术要求和工作方式上又有应急的特点。

所谓非常规水文应急，是指完全超出了水文日常工作的范畴，在应对突发性自然灾害和水污染事件时，为减少灾害损失提供决策支持和为排险除险工程施工提供技术服务所开展的水文应急监测。在技术要求和工作方式上，非常规水文应急既不同于日常工作，也不同于常规应急，具有独特的应急特性。

水文应急监测是水文测验工作的重要内容，但与日常的水文测验工作相比，又有很多的不同。认识和理解其差异，不仅能对水文应急监测工作及成效有一个客观公正的评价，也使得政府及领导的决策更为科学和合理。

与日常水文测验工作相比较，水文应急监测有如下特点：

（一）缺乏基本的基础设施

日常水文测验工作的开展，通常具备完整、可靠的基础设施，如水文缆道、水尺、断面桩、断面标点、水文测船等，同时具备可靠的平面及高程系统，而水文应急监测现场往往缺乏上述基础设施，或者原有的基础设施已经遭到严重破坏而失去作用，需要重新建设和确定。

（二） 测区的控制条件较差

开展日常水文测验工作的水文站，通常具有非常好的测站控制条件（断面控制或河槽控制），这使得水文要素容易收集，水位—流量关系一般为较稳定的单一关系，测验断面稳定或者测站水文工作人员对测验断面的变化情况了如指掌；而开展水文应急监测的工作场所是突发性水事件的事发地，没有可选择性，往往不具备设站条件，测站控制条件和河段控制条件较差，测验断面的变化情况未知，在恶劣条件下，水文资料难以采用常规手段准确获取。

（三） 监测环境恶劣、监测难度大

日常水文测验工作的安全是可控的，在日常水文测验工作中，只要作业人员遵守操作规则，安全生产是有保障的；而水文应急监测往往是在灾害还在发生时进行的，滚木、乱石、塌方等直接威胁着监测人员的生命安全，水文应急监测环境恶劣、监测难度大。

（四） 监测过程要绝对地"快"

日常水文测验除满足汛期防汛需要外，一般情况下对时效性的要求不是很高。而水文应急监测则是在灾害发生时，政府希望把损失降到最低，各种处置方案要在最短的时间内制订出来，这就对水文现场服务的时效性提出了很高的要求。作为"突击队"和"侦察兵"，要在尽可能短的时间内提供现场第一手资料；作为"耳目"和"参谋"，要对未来水文情势的发展变化提供准确的预测预报，为科学决策提供强力支撑。

因此，整个监测过程要绝对地"快"，在力所能及的情况下，以最快的速度测获决策部门所需要的水文信息，最大限度地满足时效性要求。

（五） 测验精度相对地"准"

任何测量成果，都不可避免地存在误差，测验精度是一个相对值，与测验的基础设施、工作环境、仪器灵敏度及测验人员业务素质等因素有关。测验精度与测验成本成正比例关系，精度要求越高，测验成本自然就高。因此测验精度并非越高越好，而应当根据需求来确定。通常情况下，不同的用户对水文资料的精度要求是不同的。例如，对水文预报而言，因其直接为防汛抗旱提供决策依据，水文资料的单次测验精度和时效性显得尤为重要，误差大小直接影响到经济和社会效益，甚至人民生命财产安全；而对水文分析与计算而言，因其是为水利工程的规划和设计、水资源的开发利用和保护等提供水文特征值，资料系列的长度越长越好，而对于单次测验的精度和时效性的要求则相对弱化。

因此，对精度的要求离不开测验条件和服务需求。在特定的条件下，有数据总比没有数据好，精度高的可直接用于决策，精度低的可以作为参考。然而，错误的数据或伪数据比没有数据更可怕，要坚决杜绝。

水文应急监测工作是在特殊环境、特殊条件及特定时间开展的水文测验工作，由于缺乏基本的基础设施、测区控制条件差，而且监测环境恶劣、监测难度大、时效性要求高，因此对测验成果的精度要求可以适当放宽，相对地"准"即可，精度以满足现实需要为原则，在没有应急监测标准的情况下，不要拘泥于常规水文测验规范规定的精度指标和仪器比测要求，要敢于使用新仪器新设备。

（六）对人员素质和仪器设备的要求更高

对于常规水文测验，一般的水文职工都能够胜任，但应急监测是在特殊时间、特殊地点、特殊环境条件下的测验工作，要求监测人员必须具备较高的政治素质、良好的身体素质和过硬的业务素质，三者缺一不可。

常规水文测验使用常规仪器便可以应付，而水文应急监测的时效性要求极强，需要在很短的时间内提交成果，所用仪器设备必须自动化程度高、精度高，且便于携带。

三、应急监测的主要任务及监测对象

（一）应急监测的主要任务

水文应急监测是在人类与突发性自然灾害和水污染事件中产生并不断得以完善和提高的，逐渐成为政府应对和处置此类事件的重要支撑，其任务就是在应对突发性自然灾害和水污染事件时，准确、及时地提供现场监测的第一手资料，为各级政府决策部门尽快制订抢险减灾方案提供决策依据，以保证决策的科学性和时效性；为工程排险施工单位提供信息服务，以保证施工方案的科学性、可行性和施工进度。

（二）监测对象

水文应急监测的对象与范围很广，而且随着时间的积累，还有可能进一步扩展。目前，我国已经开展的应急监测主要对象包括分洪（溃口）洪水、堰塞湖（泥石流）、冰塞冰坝、突发性水污染等。

（三）主要工作内容

水文应急监测的工作内容取决于突发性水事件类型以及政府抗灾减灾的决策需要。目前，我国已开展的水文应急监测主要有以下类型：

1. 分洪、溃口洪水应急监测

分洪包括分洪口上游、下游的流量测验等，溃口包括自然河流、水库、堰塞湖的溃口处水位、溃口宽度、溃口水面流速、堤防管涌数量及水流大小等要素的监测。

2. 堰塞湖应急监测

堰塞湖是由于火山熔岩流或由地震活动等原因引起山崩滑坡体、泥石流等堵截河谷或河床，河谷、河床被堵塞后储水，储水到一定程度便形成堰塞湖。堰塞湖是一种次生灾害，其影响范围较大、影响程度较深。监测对象通常为堰塞坝体及堰塞湖水体，其主要工作内容包括：①堰塞湖名称、所处河流的河名；②堰塞湖地理位置、坐标（东经、北纬），山崩滑坡体入河位置的岸别（左岸、右岸或者二者兼具）；③堰塞湖形状及特征，主要包括堰长、堰高、堰宽、堰塞坝体体积；④库前水面到坝顶的高度、堰塞湖局部区域水深；⑤堰塞湖的入、出库流量及堰塞湖的水体体积等；⑥监测范围则为堰塞湖上、下游，湖区及堰塞湖上游主要支流的水文要素信息。

3. 冰塞冰坝应急监测

主要包括：①监测冰坝或冰塞发生的时间、位置、长度、堆冰高度以及消失过程；②监测冰坝或冰塞上、下游水位、水温、风向、风速；③绘制冰塞、冰坝草图，包括冰塞长度、宽度、壅高水位，出现冰坝时还应注明冰坝的高度等。

4. 突发性水污染事件应急监测

当突发性水污染事件发生后，应根据污染源的组成、特性，将影响人类及生物的污染因子纳入水文应急监测工作的内容，同时沿河流设立临时监测点，特别是对位于城市、城镇及居民聚集地的河段要及时进行水文应急监测，所监测的数据也应及时传递到政府及领导机关，为他们的决策提供科学依据。

突发性水污染事件应急监测工作内容主要包括以下几方面：①事件基本情况（时间、地点、过程等）、事件发生原因；②主要污染物及进入水体数量；③事件发生水域水文特性及可能的传播情况、污染动态；④应急监测情况（监测布点及位置、监测项目、监测频次、监测结果）；⑤污染影响的范围、造成的损失、已采取的措施和效果、处置建议等。

第二节　应急监测的组织管理与实施

一、应急监测的组织管理

随着经济社会的快速发展，突发性自然灾害和水污染事件造成的损失会越来越严重，对人民生命财产的威胁越来越大，国家和各级政府在应对和处置这些事件中的投入也越来越多，要求也越来越高。而水文作为为政府提供决策支持的服务行业，在这方面的作用也会越来越突出，水文应急监测将逐渐成为水文行业的一种常态化工作。

尽管水文应急监测是一项临时性的任务，但不能把它作为一项临时性工作来抓，而应当作为日常工作的一部分常抓不懈。因此，要加强水文应急监测管理体系建设与创新，建立水文应急监测的长效机制，使水文应急监测工作规范化、制度化、专业化、现代化，以保证开展水文应急监测工作时忙而不乱、紧张有序、便捷高效，最大限度地满足抗灾减灾的决策需要，使水文工作者艰辛的付出与获得的效益相匹配。

（一）水文应急监测体制

根据我国水文行业管理的特点，应建立分级负责、条块结合、属地为主的水文应急监测管理体制。各级水文应急监测管理机构可下设指挥部、专家组、突击队、后勤保障组等，并将应急监测工作纳入日常工作管理范畴。

（二）水文应急监测保障机制

水文应急监测主要用于应对突发性自然灾害和水污染事件，任务是为政府决策部门制定抢险减灾方案提供决策依据，为工程排险施工单位提供信息服务，存在着"突发性、艰巨性、复杂性、非常规性、时效性"等突出特点，因而决定了水文应急工作是一场硬仗。建立和完善水文应急工作的保障机制，是保证水文应急工作能够顺利开展并满足政府决策需要的基础。

水文应急保障机制应包括组织保障、人才保障、设备保障、交通及通信保障、后勤保障、经费保障、前后方联动等。

（三）水文站的应急监测管理

水文站测区附近如发生突发性水事件，水文站有地利人和的优势，首先应当承担应急监测任务。因此，水文站应当把应急监测作为日常管理的重要工作内容之一，在努力做好正常测验工作的同时，从思想、物质、技术上做好应急监测的各项准备工作，在应急监测突击队到达之前或在缺乏外援的情况下，尽测站最大努力，开展前期应急监测工作，争分夺秒为抗灾减灾提供快速准确的决策支持。

1. 思想准备

近些年，极端气候、地质灾害和水污染等突发性水事件频繁发生，水文站随时有可能置身于某一突发性水事件之中。重大水事件的应急监测主要靠水文应急监测突击队完成，但突击队从集结到奔赴事发地还需要一定的时间，即便到达后，也需要水文站做积极的配合。因此，无论是站长还是职工，都应高度重视水文应急监测工作，从思想上做好充分的准备，时刻准备应对可能发生的突发性水事件，为政府抗灾减灾提供决策服务。

2. 物质准备

水文站一般不可能配置专用的应急监测设备，但常规仪器设备同样可以应用于应急监测，水文站应将常规监测设备保养好、调试好，以备应急之用。

3. 技术准备

（1）基础资料收集

调查了解测区和周边一定范围内历史上曾经发生的突发性水事件；对测区和周边一定范围内的河道地形、地质、水流特性等做深入调查，对易发生滑坡、泥石流区域重点调查，先期掌握一些资料，为应急监测提供前期基础资料。

（2）应急监测预案设计

针对测区和周边可能发生的突发性水事件，设计出各种应急监测预案，以备不时之需。

（3）学习和掌握应急监测技术

测站人员应熟悉各种应急监测预案，不断学习和掌握常用应急监测技术，能够熟练操作各种应急监测设备，并结合日常测验工作，进行应急监测演练，为随时开展的应急监测做好技术准备。

（四）突发性水污染事件的应急监测

开展突发性水污染事件应急监测是科学应对水污染的重要基础性工作，只有正确、规范、科学地开展应急监测工作，对现场污染事故的类型、污染物质种类、污染物浓度、污染物迁移发展趋势做出准确的监测及预测，才能对污染事故进行及时、正确处置提供科学决策依据。

1. 应急监测启动

接到突发性水污染事件信息后，立刻启动应急监测预案，召集各专业组负责人通报情况，了解情况制订初步监测方案，调动人员组成现场监测队伍，布置应急监测有关事项，及时下达监测任务。

2. 应急调查监测准备

有关监测机构在接到应急调查监测响应通知后，各专业组根据职责和分工，须在 1h 内做好出发前的一切准备，并迅速赶赴污染事件现场开展调查监测，初步判定污染物的种类、性质、危害程度及受影响的范围，及时反馈信息并结合现场实际情况，确定应急监测方案。同时，还应安排实验室分析人员做好应急调查监测分析准备工作，对现场采集送来的样品，做到随到随时开展分析，尽快提交分析结果。对于特别严重的污染事件，领导小组应派人到现场组织指导调查监测工作。

出发前准备包括人员的确定及分工，交通方式及交通工具的确定，初步应急调查监测方案的制订，现场应急调查监测仪器设备、试剂、采样设备和样品容器、监测质量保证方案以及防护器材、通信照明器材、照（摄）相机等准备工作。

3. 现场调查、监测及采样

（1）应急调查监测人员到达事件发生现场后，应立即开展调查，尽可能全面准确地收集事件发生原因、时间、地点，污染物种类、数量、影响范围及可能影响区域等有关信息，并做好记录。

（2）根据所收集的信息和应急调查监测相关技术要求，对初步应急调查监测方案进行确认和必要调整，确定监测方式、点位、项目、频次等。当污染物种类不明或现场难以调查清楚时，应通过技术分析尽快确定。现场监测组要在进行现场调查的同时，进行专家咨询，尽快确定应急监测方案。

（3）完成现水、电、安防、通信和照明等设施的安装调试。

（4）现场调查监测人员根据应急调查监测方案和有关技术规范要求进行现场准备，并尽快开展现场取样监测和污染动态的监控监测，随时掌握污染事件的变化情况，并按相关质量管理体系文件的要求做好现场监测记录。

（5）无法进行现场分析的污染物，现场人员应采集样品，按照有关技术要求和质量保证要求进行标志、妥善保存、做好记录，并快速送实验室分析。实验室分析人员接到样品后，应按质量保证要求制备附样，妥善保存至污染事件处理结束。同时，迅速开展分析，尽快提交测试分析结果。

（6）对于本单位不具备分析能力的主要污染项目，应积极寻找具有该项目分析能力的合格单位送检。如一时难以找到合适的送检单位，应尽快报告领导小组办公室联系协商解决。

（7）尽快将现场调查监测结果和实验室分析结果汇总形成应急调查监测初步报告，并及时报送领导小组。

（8）样品分析结束后，现场和实验室剩余的样品应在污染事件处置妥当之前，按技术规范要求予以保存。

（9）现场调查监测人员应根据现场情况做好自身防护，如根据现场情况佩戴防毒面具、穿着防护服。同时，严格执行安全生产有关规定，确保安全。

4. 跟踪监测

（1）应急调查监测期间，监测频次视污染程度、影响范围而定，通常不应低于每日一次，必要时应实行连续监测，并根据污染传播情况实行跟踪监测。

（2）对滞留在水体中短期内不能消除、降解的污染物，要继续进行跟踪监测（监测频次视实际情况确定），直至污染影响基本消除、水体基本恢复环境原状。

二、水文应急监测实施

出现涉水突发事件，需要水文部门为政府及领导提供特定时间、特定区域的水文基本信息以作为决策的科学依据时，水文部门就必须尽快启动水文应急监测工作，而水文应急监测方案的制订是开展水文应急监测工作的前提和基础。

（一）准备工作

为制订科学、合理及操作性强的水文应急监测方案，必须对突发事件发生的情况及对社会、人民的影响，特别是水体状态对社会及人民的影响进行深入了解。在此基础上，明确制订水文应急监测方案的目的及意义，研究决定水文应急监测的对象及工作范围，为使所制订的水文应急监测方案具有很强的可操作性，还必须对重点区域、重点河段进行现场查勘。

（二）编制水文应急监测方案

编制水文应急监测方案时，首先，应明确水文应急监测工作是在特定时间、特定工作环境及特定工作条件下开展的一种非常规的工作；其次，应注重水文应急监测工作的安全性、测验手段、测验技术的先进性；最后，要注意水文应急监测工作的可操作性。

三、水文应急监测报告编制

应急监测报告是政府决策的基本依据，也是水文应急监测整个过程的再现和最终成果的体现，报告的时效性和质量是尤为重要的两个方面。虽然每一次应急监测的对象、任务、内容、要求、方法各不相同，但总体目标应当是一致的。水文应急监测报告主要内容应包括如下几方面：

（一）任务来源与目的

需要明确突发性水事件发生的时间、地点、原因，可能产生的危害和次生灾害及其影响范围和危害程度，政府抢险救灾及排险施工的要求，水文应急监测的对象及目的要求。

（二）抢险工程概述

抢险工程的地理位置、工程类别、施工工期、排险除险的目的及其经济和社会效益。

（三）测区概况

水文应急监测区域内的水文气象条件、地形地貌特征、交通通信条件。

（四）应急监测方案

方案编制依据、监测范围与内容、监测站点数量与布局、各水文要素的监测方式与方法、监测人员与仪器设备配置、后勤保障（交通、通信、支援）措施。

（五）应急监测的组织与实施

主要包括应急监测组织机构、参加人员及其分工、实施过程。

（六）应急监测成果及质量评定

主要包括应急监测的主要成果、质量评定的主要依据与结论。

第三节 分洪与溃口洪水监测

分洪洪水监测包括分洪口上游、下游的流量测验，以确定分洪流量。溃口洪水监测包括自然河流、水库、堰塞湖的溃口水文要素监测，监测对象为溃口，主要工作内容有溃口宽度、溃口水面流速、堤防管涌数量及水流大小，监测范围可能会受到地理条件的限制。需要特别指出的是，对分洪洪水的监测，需要事先选定安全的观测位置，而对溃口洪水的应急监测方案要考虑到堤防（坝体）半溃、全溃的安全应对措施，确保水文应急监测工作人员的安全。

溃口洪水以溃口处溃口初瞬或者稍后时刻为最大，其洪峰流量常高出平常雨洪的数倍甚至数十倍。溃口洪水所形成的立波，其陡立的波峰在传播初期可高达数米甚至数十米。立波经过处，河槽水位瞬间剧增，水流急湍汹涌。

溃口洪水的显著特征是其所具有的破坏力远大于一般洪水。对于上游来说，由于溃口洪水水位陡落，也可能引起库区周围的塌岸或造成其他事故。

溃口洪水的水力学机理及其时空演变的过程视溃口上下游水位情况而有所不同。通常在拦水坝全溃的初瞬，失去屏障的蓄水会在几秒钟内迅即劈裂为二，并形成坝址附近上下游两支抛物线形的水流剖面（水面线），由此形成了下游正波和上游负波的波锋。向上游传播的负波，由于后面水深小于前面的水深，后面的波速小于前面的波速，使波形逐渐展平。向下游传播的正波则与之相反，后面水深大于前面的水深，后面的波速大于前面的波速，使波形逐渐变陡，形成立波或者间断波。只有在经过一定的时间和距离后，才因河床槽蓄和河道摩阻力使波形逐渐坦化，最终成为变化缓慢的洪水波。最大洪峰流量通常出现在坝址处，对于瞬时全溃的情况，最大洪峰流量出现在溃坝初瞬，对于局部溃决或者逐渐溃决，则坝址最大洪峰流量出现在初瞬后的一定时间内。

溃口洪水是危害极大的灾害性现象，重大溃口的发生常常造成坝下游几十里甚至上百里范围内社会经济和交通运输的严重破坏，导致国家和人民生命财产的重大损失。水文应急监测工作所对应的溃坝监测，主要是考虑土石坝溃决的水文应急监测，如地震形成的堰塞坝，堰塞坝坝体物质组成与土（石）坝较为接近，多数情况下其溃决属于逐渐溃，坝体被洪水逐渐冲溃。通过对溃口口门的变化过程、溃口表面流速、水位、溃坝前的坝前平均水深等进行监测，推算溃口最大流量及进行下游沿程最大流量估算。

一、溃口水位监测及口门宽度测量

（一）实测法

1. 测量仪器与方法

土石坝逐渐溃决时，随着泄流槽溯源淘刷的不断加强，溃口口门不断加宽，流速不断加快，近距离观测会对观测人员的安全产生威胁。因此测量人员必须尽可能远离溃口。常用的最为便捷且高效的测验方法是采用免棱镜全站仪，利用无人立尺技术对口门宽及水位进行施测。

免棱镜全站仪测距方法有两种：脉冲法和相位法。脉冲法测距的基本原理是直接测定仪器所发射的脉冲信号往返于被测距离的传播时间，从而得到距离值。而相位法测距的基本原理则是通过测量连续的调制信号在待测距离上往返传播产生的相位变化来间接测定传播时间，从而求得被测距离。

2. 口门几何尺寸计算公式

口门几何尺寸计算分别采用式（4-1）～式（4-3）。

平距

$$D = L\left[\cos\alpha - (2\theta - \gamma)\sin\alpha\right]$$

$$(4-1)$$

高差

$$Z = L\left[\sin\alpha + (\theta - \gamma)\cos\alpha\right]$$

$$(4-2)$$

口门宽

$$B = \sqrt{D_1^2 + D_2^2 - 2D_1D_2 \cdot \cos\beta}$$

$$(4-3)$$

式中：θ 为曲率改正数，$\theta = L \cdot \cos\alpha/(2R)$；$\gamma$ 为折光改正数，$\gamma = 0.14\theta$；L 为斜距，用激光测距仪施测；α 为天顶距；β 为口门宽，D_1、D_2 分别为溃口左右的平距；β 为溃口左右的水平夹角。

3. 水位观测计算公式

水位计算公式如下：

$$G = H + S \cdot \cos\left(\alpha \pm \theta + \frac{\gamma}{2}\right) + S^2(1 - K)/(2R)$$

(4-4)

式中，G 为测点高程；H 为仪器视线高，测站点高程与仪器高之和；α 为垂直角；θ 为垂直角指标差；$S^2(1 - K)/(2R)$ 为球气差改正值；K 为大气折光系数；R 为地球半径；γ 为激光测距仪发散角。

（二）经验公式法

在无法开展溃口口门宽度的测量时，可以根据黄河水利委员会、铁道部科学研究院和谢任之等经验公式对堰塞坝可能的溃口宽度进行估算。计算公式见式（4-5）~式（4-7）。

黄河水利委员会公式：

$$b_m = K\left(W^{1/2}B^{1/2}H_0\right)^{1/2}$$

(4-5)

铁道部科学研究院公式：

$$b_m = K\left(W^{1/2}B^{1/2}H_0\right)^{1/2}$$

(4-6)

谢任之公式：

$$b_m = KWH_0/(3E)$$

(4-7)

式中，b_m 为溃口宽度，K 为与坝体土质有关的系数，W 为水库蓄水量，B 为坝顶宽度，H_0 为坝前水深，E 为坝址横断面面积。

依据不同的经验公式，计算所得到的溃口宽度不同，这需要根据实际情况进行综合考虑，如在唐家山堰塞湖的抢险过程中，依据黄河水利委员会、铁道部科学研究院和谢任之等经验公式对堰塞坝估算得出的溃口宽度分别为 400 m、200 m、120 m。根据右侧沟槽附近坝体物质组成，溃坝可能至强风化碎裂岩底板，即 720 m 高程。溃掉的物质为碎石土和强风化碎裂岩。根据过水断面范围内的物质组成，在 752.2 m 水面线的溃坝宽度约为 340 m，形成的左侧边坡较陡，坡度可能为 35°；右岸坡度较缓，坡度可能为 8°，即溃口形状大致呈梯形。结合由多个经验公式得出的溃口宽度结果，以及堰体地质组成初步判断得出的溃口宽度为 340 m，大于铁道部科学研究院和谢任之公式的计算结果，略小于黄河水利委员会公式的计算结果。总体来看，溃坝洪水计算的三个典型方案（1/3 溃、1/2 溃和全溃）的溃口宽度 340 m 在经验公式估算得出的范围之内，且这一溃口宽度是相对安全的。

二、分洪溃口流量测验

分洪溃口处水流湍急，流量测验方案应以安全高效为唯一原则选择合适的仪器和方法。

(一) 分洪溃口表面流速测量

1. 电波流速仪法

电波流速仪具有携带方便，操作简单安全，测量时间短、速度快等优点，测速过程中不接触水体，不受泥沙、气泡等影响，测量范围为 0.6~15 m/s，有效射程≥20 m。因此，分洪溃口表面流速可采用电波流速仪施测。

工作时电波流速仪发射的微波斜向射到需要测速的水面上。由于有一定斜度，所以除部分微波能量被水吸收外，一部分会折射或散射损失掉。但总有一小部分微波被水面波浪的迎波面反射回来，产生的多普勒频移信息被仪器的天线接收。测出反射信号和发射信号的频率差，就可以计算出水面流速。实际测到的是波浪的流速，可以认为水的表面是波浪的载体，它们的流速相同。

电波流速仪发射波呈椭圆状发散在水面，其椭圆形区域大小与测程、电磁波发射角有关，因此电波流速仪测量的水面流速是椭圆形区域的面平均流速，这与机械转子式流速仪测量的原理是不一样的，机械转子式流速仪测得的是点平均流速。

2. 光学流速仪

光学流速仪是一种测量水面流速的仪器，它可测量高达 15 m/s 的流速，测量时任何设备都不需浸入水中，观测者只需通过岸上观测点的仪器俯视水面，调节仪器转镜的角速度，逐渐增大转速，此时从镜中可以看到一个接一个的水面运动图像；当调节转镜的转速与水面流速同步时，目镜中水面的运动就渐渐慢下来，最后停止，这时说明仪器转镜的角速度已正好跟踪上水流。可从仪器转速器上读出转镜的角速度 ω，同时可量出仪器光轴至水面的垂直距离 Δh 以及瞬时物像角 θ（物像与铅直线的夹角），据此可由式（4-8）求出水面流速 V_{max}：

$$V_{max} = \frac{\mathrm{d}s}{\mathrm{d}t} = \frac{\mathrm{d}(\Delta h \tan\theta)}{\mathrm{d}t} = \Delta h \sec^2\theta \frac{\mathrm{d}\theta}{\mathrm{d}t} = \Delta h \sec^2\theta(2\omega)$$

（4-8）

式中，ω 为转镜的瞬时角速度，rad/s，而转速计数器记录的是转镜的平均角速度方；对一般具有 12 个镜轮的仪器。

（二）分洪溃口流量估算

1. 水面流速法

监测出溃口水流的水面流速（V_{max}）后，用类似浮标法测流计算进行处理，可求出溃口水流的流量。

用水面流速（V_{max}）计算虚流量采用式（4-9）：

$$Q_f = V_{max}bh$$

（4-9）

式中，V_{max} 为光学或电波流速仪测得的水面流速，b 为溃口口门宽，h 为溃口水深（可由前面"浮标法"所叙述的途径得到）。

溃口流量用式（4-10）计算：

$$Q_k = C_f Q_f$$

（4-10）

式中，C_f 为小于 1 的修正系数。

C_f 可事先通过野外比测实测由式（4-11）求得：

$$C_f = \frac{Q}{Q_f}$$

（4-11）

式中，Q 为用流速仪法精测得到的流量，Q_f 为同一时间、同一地点（与流速仪精测法同步进行）用光学流速仪或电波流速仪测得水面流速计算出的虚流量。

2. 溃口堰流测流法

当分洪溃口口门比较稳定，且口门宽度不太宽时，溃口水流可近似作为河流侧堰出流处理计算。

当溃口堤防平均堤宽 δ 与溃口口门前水深 H 的比值（δ/H）在 2.5～10 范围内时，溃口水流可作为宽顶堰流处理。分洪溃口水流按下游分洪区水位对溃口出流的影响，可主要分为自由出流和淹没出流两种情况。

对分洪溃口初期，分洪区水位（高程）较低，溃口水流为自由出流，溃口流量计算公式可按式（4-12）计算：

$$Q_k = smb\sqrt{2g}H_0^{3/2}$$

（4-12）

式中，b 为溃口口门宽，H_0 为外江水面（未受溃口水流影响处）至溃口口门堰顶的水深，ε 为收缩系数（$\varepsilon = 1$），g 为重力加速度，m 为宽顶堰的流量系数。

m 可按经验公式（4-13）计算：

$$m = 0.32 + 0.01 \frac{3 - P/H}{0.46 + 0.75P/H}$$

$$(4-13)$$

式中，P 为外江河底至溃口口门堰顶的高度，H 为外江水面至溃口口门堰顶的水深。

3. 浮标法

对于溃口洪水，由于水流和边界条件比较复杂，测船有时难以直接进入溃口施测，此时采用浮标法测流量具有独到的优点。

（1）溃口浮标系数的获取

浮标系数的确定是溃口浮标测流的关键问题之一。影响浮标系数的因素很多，如风向、风力、浮标的型式和材料、入水深度、水流情况、河道过流断面形状和河床糙率等。因此浮标系数是一个多因素影响的综合参数，河流的水力因素、气候因素及浮标类型等都与浮标系数有密切关系，所以必须综合各种影响因素，根据不同河段水流的具体实际情况，选用不同的浮标系数，才能取得溃口浮标测流较好的效果。确定浮标系数，比较稳妥可靠的办法是对即将采用的同一类（材料、制作形式相同）浮标在野外同类河流进行比测率定。

（2）分洪溃口过流断面面积估算

浮标法测流另一个关键因素是溃口过流断面面积的确定。水文站浮标测流往往借用断面作为虚流量的计算断面，但分洪溃口无断面可借（借用断面往往带来借用断面误差）。此时可参考采用如下办法得到溃口过流面积：①口门不太大且比较稳定的溃口，可从溃口两端施测水深，进而计算出过流断面面积；②对口门不稳定的溃口（无法从溃口堤防两端施测水深，因为安全无保障），口门水深可近似取溃口大堤中央水面高程（$Z_{水面?}$）减去内堤角的高程（$Z_{角?}$），可按式（4-14）计算：

$$h \approx Z_{水面?} - Z_{角?}$$

$$(4-14)$$

溃口过流面积近似计算公式为：

$$A \approx hb \approx (Z_{水面?} - Z_{角?})b$$

$$(4-15)$$

式（4-15）中的 b（口门宽）、$Z_{水面?}$、$Z_{角?}$ 等数据均容易获得。

4. 卫星遥感法

随着卫星携带遥感装置性能的不断改进和扩充，卫星遥感探测的应用领域越来越广泛。利用卫星遥感进行分洪溃口流量的监测应用是可行的（全天候的主动遥感具有穿透力强、多层次等优点，已不受云层覆盖的限制），其方法为根据卫星遥感拍摄的溃口分洪区内不同时刻的淹没面积（范围）卫片，可分析估算出分洪区内不同时刻的水量体积（可根据分洪区地形图事先做好分洪区的面积与体积关系曲线，应用时根据分洪区卫片的淹没面积，可直接查出分洪区的水量体积）；由分洪区的水量体积可反求出某一时刻分洪区内的溃口平均流量，可按式（4-16）计算：

$$Q_k = \Delta W / \Delta t$$

(4-16)

式中，ΔW 为卫星两次遥感（其间隔时间为 Δt）分洪区内水量的体积增量，Δt 为两次卫星遥感拍摄的时间间隔。

由于卫星照片覆盖范围大，还可以利用它对整个内外江水系的水情及洪水淹没情况做出快速的判断和评价。

5. 体积库容法

体积库容法就是根据分洪区的最新地形图，事先（分洪前）画出分洪区的高程（Z）-体积（库容 W）曲线，分洪时通过设在分洪区内的水尺监测得出水位（高程），再通过高程—体积曲线可随时查出分洪溃口水量的体积。通过水量体积又可随时求出某一时段的平均流量。

第四节　突发性水污染事件监测

随着经济与社会的不断发展，流域水污染纠纷和突发性污染事故呈不断增加的趋势，给城乡居民生活、工农业生产、生态用水产造成了较大影响。水污染是指水体因某种物质的介入，而导致其化学、物理、生物或者放射性等方面特性的改变，从而影响水的有效利用，危害人体健康或者破坏生态环境，造成水质恶化的现象。突发性水污染事件主要是由水、陆交通事故，企业违规或事故排污，管道泄漏，人为投毒，水生态事件暴发等造成的。

一、突发性水污染事件的分类及特点

（一）突发性水污染事件的分类

按照污染物的性质及发生的方式，突发性水污染事件主要分为：①农药和有毒有害化学物质泄漏，如乐果、甲胺磷、氧化钾等；②溢油事故，如石油输送管道爆炸、油罐车泄漏、油船泄漏等；③非正常大量排放废水事故，如安全生产事故导致化工原料泄漏、化工厂废水、矿业废水、尾矿溃坝等；④放射性污染事故，如放射性废料渗出；⑤水体发生水华等现象。

（二）突发性水污染事件的特点

1. 不确定性

突发性水污染事件无固定的排放途径和排放方式，在短时间内往往难以控制，其发生时间和地点、事发水域性质、污染表现形式，污染物类型、数量、危害方式和对水环境破坏能力等均存在不确定性和不可预料性。

2. 危害严重

由于水污染事故具有突发性，其瞬时的一次性大量排污破坏性极大，影响一定区域内的生产、生活秩序，甚至导致人员伤亡和不稳定事件的发生。

3. 流域性

河流具有流域属性决定了水污染事件同样具有流域性。水体被污染后呈条带状，线路长，危害容易被放大。一切与该流域水体发生联系的环境因素都可能受到水体污染的影响，如河流两侧的植被、饮用河水的动物、从河流引水的工农业水用户等，由于流域内的地下水与地表水产生交换，也可能被污染。

4. 长期影响

水污染事故由于在短时间内造成大量污染物质排放或泄露，对生态环境造成极大的污染和破坏，其遗留的有毒有害物质有时难以全部清理，需要长期投入大量的人力、物力进行治理。

5. 处置困难

突发性水污染事件处理涉及因素较多，由于暴发的突发性、危害的严重性和影响的长期性，必须快速、及时、有效地处理，否则将对当地的自然生态环境造成严重破坏，甚至对人体健康造成长期的影响，需要长期整治和恢复。

二、应急监测的作用及基本要求

突发性水污染事件应急监测是指针对可能或已发生的突发性水污染事故，为发现和查明水污染状况，由监测人员在现场使用检测仪器或装置及时对污染物质的种类、污染物质的浓度和污染范围开展调查监测并对可能的危害等进行预测，为及时正确应对水污染事件提供科学的水质应急监测技术支撑。

（一）水污染应急监测的作用

发生突发性水污染事件后，应急监测人员应快速赶到现场，根据事故现场的具体情况进行布点采样，采用快速监测手段判断污染物的类型，给出定性的、半定量的和定量的监测分析结果，确认危害程度和污染范围，分析污染趋势。

1. 对突发性水污染事件做出初步分析

通过采样、监测、分析，快速提供突发性水污染事件的初步分析结果，如污染物的类型、浓度和释放量，水文气象情况，污染的区域、范围和发展趋势，污染物特征（毒性、挥发性、残留性、降解速率）等。

2. 为应对突发性水污染事件决策提供支撑

通过连续的跟踪监测和分析，及时向相关主管机构（部门）提供应急监测信息和分析结果，确保决策部门应对突发性水污染事件做出有效应急决策，对突发性水污染事件对水环境的影响及危害等做出科学的评价。

3. 为实验室的监测分析提供第一手资料

由于现场的应急监测设备和手段有限，只能进行初步监测和分析，但根据现场的测试可以为实验室的进一步监测分析获取有价值的信息。

（二）应急监测的基本要求

由于突发性水污染事件形式多样，发生突然，危害严重，为尽快采取有效措施遏制事态扩大，降低次生灾害发生的风险，就必须做好应急监测工作，其基本要求主要有以下几点：

1. 及时开展监测

突发性水污染事件危害严重，社会影响较大，对事故处置的分秒延误都可能酿成更大的生态灾害，导致社会不安事件的发生，应急监测人员应提早介入，及时开展工作，及时出具监测数据，及时为事故处置的正确决策提供依据。

2. 准确获取监测数据

由于现场应急监测任务的紧迫性，在事故的开始阶段，要准确报出定性监测结果，准确查明造成事故的污染物种类。同时，要进行精确的定量监测，确定不同源强、不同水文气象条件下，水体中污染物的浓度分布情况，为污染事故的准确分级提供直接的证据。这就要求对分析方法和监测仪器做出正确的选择，分析方法的选择性和抗干扰性要强，分析结果要直观、易判断，且结果具有较好的再现性，监测仪器要轻便、易携，最好具有较快速的扫描功能，且具备较高的灵敏度和准确度。

3. 确保监测成果有代表性

由于事发突然、现场复杂，应急监测人员不可能在整个事故影响区域广泛布点，这就要求在现场选取最少、最具代表性的监测点位，既能准确表征事故特征，又能为事故处置进程赢得时间。

三、应急监测的组织管理和工作形式

突发性水污染事件应急监测的一个重要环节是建立一个完善的应急监测组织保障体系，这对于开展水污染应急监测工作具有十分重要的作用，有利于形成运行有效的应急监测体系，可提高应急监测的时效性。

（一）组织机构及其分工

应急监测组织体系应包括应急监测领导小组、应急监测技术小组、应急监测专家咨询小组、应急监测联络及后勤保障小组等。明确应急监测各小组的组织机构、岗位职责、相互配合，各小组的主要任务，应急响应的程序、内容、信息互动、信息流向。

应急监测领导小组负责组织与指导突发性水污染事件应急调查监测工作并与上级保持沟通与联系，其主要职责如下：①研究决定突发性水污染事件应急调查监测工作的重要事项和重大决策；②协调指挥应急监测各相关小组的工作；③制订应急监测预案；④及时向上级报告重大水污染事件信息、应急调查监测结果、事态进展、发展趋势分析、事件处理建议及事件影响分析。

现场应急监测技术小组主要负责现场监测工作。其主要职责如下：①及时制订初步应急调查监测方案，以最快的方式赶赴现场开展调查、取样、监测；②负责调查、核实污染物的种类、性质、数量、危害程度及受影响的范围；③尽快完成监测样品分析，及时编制上报调查监测初步报告；④负责应急监测仪器设备、设施的日常维护、保养等工作，保证随时处于应急调查监测待命状态。

应急监测专家咨询小组由应急监测技术和相关方面技术专家组成，主要负责为应急监测过程的关键技术问题提供咨询。其主要职责如下：①对监测方案、监测数据分析、检测响应终止的重大决策发表意见；②对突发事件的范围做出预测，并根据水情气象信息对发

展趋势做出预测，参与事故等级、危害范围、污染程度的确认等工作；③负责提出利用水利工程调度开展水污染应急处置方案。

应急监测联络协调小组主要负责应急监测过程中的协调、通信等相关工作。其主要职责如下：①负责突发性水污染事件信息的接收及分析，组织实施日常值班，及时向领导小组报告突发性水污染事件信息和提出建议；②在领导小组的统一领导下，组织、协调、指导突发性水污染事件的应急调查监测工作；③承担有关突发性水污染事件应急调查监测工作会商的安排。

后勤保障小组主要负责应急监测的器材、物资等后勤供应。其主要职责如下：①负责突发性水污染事件应急调查监测仪器设备、防护器材、交通及通信器材等的供应；②负责提供突发性水污染事件应急调查监测经费保障；③做好应急监测后勤设施的保养和维修。

（二）水污染应急监测的工作形式

开展突发性水污染事件应急监测是水污染防治、科学应对水污染的重要基础性工作。只有正确、规范、科学地开展应急监测工作，对现场污染事故的类型、污染物质种类、污染物浓度、污染物迁移发展趋势做出准确的监测及预测，才能为污染事故进行及时、正确的处置提供科学决策依据。

1. 应急监测启动

接到突发性水污染事件信息后，立刻启动应急监测预案，召集各专业组负责人通报情况，了解情况制订初步监测方案，调动人员组成现场监测队伍，布置应急监测有关事项，及时下达监测任务。

2. 应急调查监测准备

有关监测机构在接到应急调查监测响应通知后，各专业组根据职责和分工，须在 1h 内做好出发前的一切准备，并迅速赶赴污染事件现场开展调查监测，初步判定污染物的种类、性质、危害程度及受影响的范围，及时反馈信息并结合现场实际情况，确定应急监测方案。同时，还应安排实验室分析人员做好应急调查监测分析准备工作，对现场采集送来的样品，做到随到随时开展分析，尽快提交分析结果。对于特别严重的污染事件，领导小组应派人到现场组织指导调查监测工作。

出发前的准备包括人员的确定及分工，交通方式及交通工具的确定，初步应急调查监测方案的制订，现场应急调查监测仪器设备、试剂、采样设备和样品容器、监测质量保证方案以及防护器材、通信照明器材、照相（摄像）机等准备工作。

3. 现场调查、监测及采样

（1）应急调查监测人员到达事件发生现场后，应立即开展调查，尽可能全面准确地收集事件发生原因、时间、地点，污染物种类、数量、影响范围及可能影响区域等有关信息，并做好记录。

（2）根据所搜集的信息和应急调查监测相关技术要求，对初步应急调查监测方案进行确认和必要调整，确定监测方式、点位、项目、频次等，当污染物种类不明或现场难以调查清楚时，应通过技术分析尽快确定。现场监测组在进行现场调查的同时，需进行专家咨询，尽快确定应急监测方案。

（3）完成水、电、安防、通信和照明等设施的安装调试。

（4）现场调查监测人员根据应急调查监测方案和有关技术规范要求进行现场准备，并尽快开展现场取样监测和污染动态的监控监测，随时掌握污染事件的变化情况，并按相关质量管理体系文件的要求做好现场监测记录。

（5）无法进行现场分析的污染物，现场人员应采集样品，按照有关技术要求和质量保证要求进行标志、妥善保存、记录，并快速送实验室分析。实验室分析人员接到样品后，应按质量保证要求制备附样，妥善保存至污染事件处理结束。同时，迅速开展分析，尽快提交测试分析结果。

（6）对于本单位不具备分析能力的主要污染项目，应积极寻找具有该项目分析能力的合格单位送检。如一时难以找到合适送检单位，应尽快报告领导小组办公室联系协商解决。

（7）尽快将现场调查监测结果和实验室分析结果汇总形成应急调查监测初步报告，并及时报送领导小组。

（8）样品分析结束后，现场和实验室剩余的样品应在污染事件处置妥当之前，按技术规范要求予以保存。

（9）现场调查监测人员应根据现场情况做好自身防护，如根据现场情况佩戴防毒面具、穿着防护服，同时严格执行安全生产的有关规定，确保安全。

4. 跟踪监测

（1）应急调查监测期间，监测频次视污染程度、影响范围而定，通常不应低于每日一次，必要时应实行连续监测，并根据污染传播情况实行跟踪监测。

（2）对滞留在水体中短期内不能消除、降解的污染物，要继续进行跟踪监测（监测频次视实际情况确定），直至污染影响基本消除、水体基本恢复环境原状。

5. 应急监测报告

（1）开展应急调查监测的单位应编制应急调查监测报告，可附图表说明。

（2）应急调查监测报告内容主要包括：事件基本情况（时间、地点、过程等）、事件发生原因、主要污染物、进入水体数量、事件发生水域水文气象特性及可能传播情况、污染动态、应急监测情况（监测布点及位置、监测项目、监测频次、监测结果）、污染影响范围、污染团迁移预测、造成损失、已采取的措施和效果、处置建议等。

（3）开展应急调查监测的单位负责编制应急调查初步报告，迅速报送应急监测联络协调小组。

（4）应急监测联络协调小组根据应急调查监测初步报告，汇总、编制应急调查监测报告并经领导小组审批后，上报上级有关部门。

6. 应急监测终止

（1）接到领导小组应急终止的指令后，由应急监测工作组负责人召集各专业组负责人宣布应急监测终止，指示应急人员应急结束后的行动，并根据事件现场情况安排跟踪监测。

（2）现场应急监测终止后，由现场调查组评价所有的应急监测记录和相关信息，评价应急监测期间的监测行为，总结应急监测的经验教训，提出完善现有应急监测预案的建议。

四、移动应急监测实验室

通过在移动的交通工具配备便携式应急监测仪器、个人应急防护装备、水电及通信设备，可以在野外条件下对河流、水库、水源地等各种水体进行滚动监测，避免了过去先取样，再送回实验室进行分析，无法获得实时动态数据的缺陷，可为处理突发性水污染事件提供更加及时的监测数据。这种可以移动开展水质监测的实验室即为移动实验室，可分为船载移动应急监测实验室和车载移动应急监测实验室，下面以车载移动应急监测实验室为例进行介绍。

车载移动实验室由专用车和车载仪器设备构成。

（一）专用车

专用车主要是用来建立车载实验室，方便现场水资源监测和采样工作。一般选择购置比较宽敞、实用、方便的大中型面包车，在选择品牌上，主要需考虑车的实用性能、耐用程度、动力，具有一定的防震、抗震、减震能力，节省运行费用等。

整套移动实验室由三部分构成：工作人员乘坐区、实验操作区和储存区。

1. 工作人员乘坐区

包括正、副驾驶座及监测人员座等，集中在驾驶台附近，与实验操作区隔离。

2. 实验操作区

包括实验操作平台（可放置便携比色计、常规仪器系列、多参数仪、色谱仪等）及配套电路气路、样品存储冰箱、洗涤水池、试剂柜、电加热系统、空调等，操作平台要求耐酸、耐碱。

3. 储存区

实验纯水水箱、实验废液储存器、采样器具存放、备用发电机等。

（二）车载仪器设备

车载仪器设备是指开展现场监测仪器及其他相关辅助器材，结合国内外重大水污染事故监测经验，主要由便携式有机物监测仪、便携式有机污染物监测仪、水质采样及保存设备、水文气象测量设备、信息处理及传输系统等组成。

五、应急监测的质量保证

水质监测质量是应急监测工作的"生命线"，水质监测数据是否准确，分析结论是否客观，将直接影响应对突发水污染决策的正确性，故必须把监测质量摆在应急监测工作的突出位置，确保监测数据的科学性、规范性、准确性和公信力。

（一）监测技术人员要求

应急监测人员素质是决定应急监测工作成败的重要因素之一，应由有经验的监测人员负责，且具有较高的专业水平，具备良好的职业道德，掌握相关的专业知识和操作技能，熟悉先进的监测仪器。此外，还应加强对分析人员的技术培训，实行持证上岗，不断提高专业人员技能水平。

（二）仪器设备要求

应急监测要求尽可能快速准确，简便灵敏快速的各类便携式现场监测仪器为应急监测的首选，但现场快速测定有其局限性，分析项目类型有限，无法对污染物准确定量。故实验室常规分析仪器也应为应急监测的必备仪器。实验室常规分析仪器、计量器具等应由质检部门定期鉴定。以快速测定为主的现场应急监测仪器应定期做自校准，编制各类应急仪器标准化校准规程。

各类应急监测仪器应有标准化使用操作规程与维护保养规程。监测人员应严格按照仪器操作规程进行操作及维护保养，以确保监测仪器随时可用，监测数据正确可靠。

（三）分析方法要求

优先采用国家标准，其次为行业标准，也可用 EPA 等国际方法。当采用非国标方法（如各类期刊文献推荐的方法或实验室自己建立的方法）时，应做验证实验，对该方法予以确认。确认的检测方法应按要求编制作业指导书。

（四）现场记录

现场采样、分析应做好记录，应绘制事故现场位置示意图，标出采样点位，记录事发时间、地点、现场性状描述及事故原因、事故持续时间、采样时间、水文气象条件、事故单位名称，可能存在的污染物种类、泄漏数量、影响范围和程度以及其他相关重要信息，原始记录上必须有测试人员的签名，监测数据实行"三级"审核。

（五）其他方面

对于现场设置采样点、水质采样、现场分析等要按照相关规范标准及仪器操作规程的要求开展工作；现场分析所需的标准试剂、校准物质应做好量值溯源，并按规定的保存条件进行保管、定期更新，确保在有效期内使用。

第五章 水文数据处理与管理

数据质量问题已经成为水文信息化过程成败的重要影响因素。我国已经建成一系列的数据采集系统即水文站网，收集并积累了大量水文数据，水文数据库建设或水文数据信息化建设相继逐步展开。但由于原始水文数据量庞大，数据处理自动化程度不高，且水文数据处理存在人为差异，水文数据库数据质量参差不齐。水文数据是贯穿一切水文活动的主线，是水文行业的灵魂所在，水文数据的质量关乎着水文行业自身发展、关乎着涉水工程建设、关乎着国计民生，因此，水文数据的质量控制与管理越来越受到广泛重视。

第一节 水文数据概述

一、水文数据的类型

水文站网采集的信息即各监测项目的水文数据，需要进行一系列处理。水文数据可以按照不同的属性进行不同的划分，主要可分为以下两种类型：

1. 按照监测对象的不同，可以分为不同的水文要素信息。例如，降水量、水位、流量、含沙量、蒸发量、水质等，它们是描述各监测水体基本特征的重要信息。由于各水文站在站网中所处的地位不一，各站监测的项目也不尽相同，对所获得的水文数据进行处理和加工的深度要求也各异。

2. 按时间的属性，水文数据可分为实时水文数据和历史水文数据两种。前者指在现场监测获得水文信息，并在很短的时间内传输到有关部门，经汇总后供有关部门掌握全面情况、及时做出决策的数据。例如，汛期的降水量、水位、流量、墒情，突发性的水质污染等有关数据。历史水文数据是指凡是已监测到的水文资料，在发挥过实时作用以后，均属历史数据。由于水文现象具有不可重复性，故从严格的定义上来说，只有正在施测的水文数据是实时的，已经测到的数据都属于历史的，但从其实际应用出发，认为历史水文数

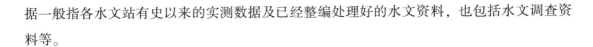

据一般指各水文站有史以来的实测数据及已经整编处理好的水文资料，也包括水文调查资料等。

二、水文数据的处理、传输与存储

各种水文测站采集的水文原始数据，都要按科学的方法和统一的格式整理、分析、统计、提炼成为系统、完整且满足精度要求的水文资料，供有关部门使用。

水文数据处理工作的内容主要有收集、校核原始数据，计算、编制实测成果表，拟定关系曲线，推求逐时、逐日值，编制逐日表及水文数据要素摘录表，进行合理性检查，编制整编说明书。其处理的方法有手工整编水文资料和计算机整编资料两种。

为了将水文站的大量实时水文信息资料迅速、实时地传输到流域（省）或全国的水情信息中心，一般可以采用水文自动测报系统和水情编码发报方式进行。前者采用多种通信手段进行水文信息的传输，后者采用水情信息编码标准对实时水文数据进行编码，再进行发送传输。

水文数据的存储一般采用整编成果、水文年鉴、水文手册、水文图集和水文数据库等方法。随着国家水文数据库建设的推进，我国将建成覆盖中央、7个流域、31省（自治区、直辖市）、新疆生产建设兵团的技术先进、标准统一、集中与分布相结合的全国水文数据库运行管理体系；完成现有水文数据资源整合和各类水文信息资源补充，基本建成库表结构标准统一、数据源完整的国家水文数据库。实现全国水文信息的统一管理，构建水文信息管理和服务平台，提高水文服务的信息化和智能化水平。

三、水文数据的特点与管理

（一）特点

1. 不可再生性

水文过程的不可重复性决定了水文数据不可重新产生，水文数据是一项特殊的产品。

2. 系统性

水文数据表现为数据量大，系列长，时序性、连续性强。

3. 种类多

（1）按要素类别分类

水位、流量、泥沙、降水、蒸发、水质等。

（2）按时序类别分类

瞬时、逐时及各时段、逐日、月、年、多年等。

（3）按成果来源分类

实测、整编、图表、统计、估算等。

4. 规律性

规律性是指反映水文特性的变化规律。如各要素的时空变化、年内和年际的变化及规律等。

5. 相关性

相关性是指站与站之间，同数据项各时段之间、不同要素之间存在着相互关联性。

6. 复杂性和不确定性

多种水文要素都受到多重因素的影响，由于条件的改变，要素的规律将会发生变化，如人类活动的影响等。

7. 可重复利用性

水文资料作为一种资源，有别于其他物质资源，可重复利用，可利用这一特性发挥其最大的作用。

（二）管理理念

1. "平台式"的理念

将数据统一到一个平台，尤其是将仪器端的数据直接接入平台，可保证数据的单一性及可溯源性。整个数据管理系统里，同一个数据应避免在多点出现。如果各单位、科室、测站在同一平台办公，对于数据处理的标准或规范更容易统一。

需要增加数据自动预处理手段，减少人工操作，解放生产力资源。水文专家的时间及精力应放在对数据的分析及应用上，而不是对原始数据的处理上，这才是提升水文单位核心竞争力的关键。

在同一平台上，可以加强数据共享及合作。对于新的分析模型或水文研究成果可以更快地进行分享及应用。

2. 时间序列的概念

时间序列数据库是目前世界先进的数据库存储方式，与传统的国内普遍使用的数据库相比，存储及处理速度都优于传统数据库，大大提高了数据使用效率及功能。先进的时间序列数据存储方式，能够提升数据读写速率和处理能力，同时原始数据可恢复，处理方法和过程可追溯。

3. 巡测（离散）数据管理

作为遥测数据调整的依据，不断提高在线遥测数据的精确度，从而进一步解放生产力资源，实现遥测为主、巡测为辅。这无疑对离散数据的管理及使用，尤其是这些数据的及时性、有效性方面提出了更高的要求。

需要提供对巡测数据的管理，加强测验数据的使用，减少现场测验工作频率。依据测验数据校核遥测数据的准确性。在线快速制作水位—流量关系曲线，并根据不同地理环境、气象环境等因素调整曲线适用范围及场景。USGS 在线完成离散数据的管理及应用，基本达到即时的在线整编。

4. 数据的质量及精准度

前端监测仪器的计量及校准的频繁度决定了原始数据的精度。而这些计量及校准工作往往被忽视或没有被考虑到数据的后处理里。所以现在发达国家已经将校准前后出现的精度误差加入到数据处理的环节里，而且是在线完成。

仪器质量或其他条件因素会导致原始数据的质量好坏不一，并且修正处理方法多样，往往在"站"一级的层次完成，但人员的水平及经验参差不齐，这些都会影响数据质量及精度。所以对原始数据从开始到最终的入库，都应该有统一的质量级别的定义及对数据处理结果的审批和记录。

高质量的数据直接可供整编系统或第三方模型系统的调用。

5. 物联网思维管理设备

管理中需要快速查询测站仪器的安装信息，实时掌握设备的运行情况。对巡测设备的管理及追踪，可以减少这类共享设备的重复投资，提醒用户对仪器进行巡检和维护。通过对仪器运行中的关键参数，如电压、在线率、故障率等的监测及统计，对仪器进行有效管理。

第二节　水文资料整编

一、概述

水文资料整编就是按照科学的方法和统一的格式对各类水文测站测得的原始资料进行

整理、分析、统计，提炼，使其成为系统的整编成果的过程。整编成果包括主要水文观测资料的实测成果、各项目整编成果，以及用图表和必要文字概括的综合说明资料，主要供水文预报方案的制订、水文水利计算、水资源管理与评价、流域规划、水生态监测、科学研究和有关国民经济部门应用。

水文资料在许多方面使用的是系统的、长系列的资料，但由于条件所限，多数水文测验的原始资料是不连续的瞬时值，而且资料可能存在错误、观测中断或缺测。因此，这些资料一般不能直接应用，必须经过加工整理及整编，形成可应用的成果。

整编就是通过去伪存真、由此及彼、由表及里，使成果逐渐逼近近似真值的一个过程。整编成果的质量不但取决于整编的理论、方法是否正确合理，工作是否认真细致，更主要的还要取决于原始资料正确可靠的程度。

通过整编，可以检验测验的成果质量，发现和解决测验中的问题，提出改进的途径和方法。反之，改进的测验方法又能够促使整编成果更合理、可靠。所以，测验是整编的基础，整编是测验的总结，两者互相联系、互为促进。

（一）整编工作的内容

1. 收集有关资料

包括考证资料、原始资料、水文调查资料等相关资料。

（1）考证资料。包括测站说明表和位置图，测站附近河流形势图、大断面资料等。应特别注意收集历年沿用的基面、水准点、水尺零点高程接测等有关资料。

（2）原始资料。

（3）测验工作中的有关分析图表和文字说明。

（4）水文调查资料和整理成果。

（5）历年整编有关情况和成果。

2. 审核原始资料

审核测验、计算方法是否正确。重点应放在洪水时期的不同测算方法，尤其是对缺测、插补、改正等资料应重点检查。

3. 确定整编方法

根据测站特性，选用合理的定线、推算方法。人工手算时应进行推算制表，从而满足工序要求；计算机整编时应进行数据整理，填制有关加工表，上机通过整编软件操作。

（二）测站考证的内容

1. 测站附近河流情况及断面布设的考证

测站附近河流情况考证的主要内容如下：测验河段顺直长度及距下游控制断面，如急滩、石梁、弯道、卡口等处的距离；河床组成、冲淤情况；高水分流、漫滩及枯水浅滩、沙洲出现情况；支流的汇入及引排水工程的影响等。

断面布设考证的主要内容如下：基本水尺断面，流速仪测流断面、浮标上下断面，比降上下水尺断面布设情况和相对位置；断面迁移情况，迁移的原因、时间及距离等。另外，还要查清基线的位置、长度及变动情况，固定测流设备及测流建筑物的种类、形式等。

2. 基面和水准点的考证

基面考证：查清使用基面的变迁情况，把测站采用的冻结基面绝对基面高程之间的关系考证清楚。水准点考证：查清测站所有水准点有无因自然或人为因素影响，使高程发生变动的情况。如有变动，应判明原因和日期，并对水准点高程做相应改变。如水准点本身没有变动，只因水准网复测、平差或绝对基面变动，使引据水准点高程变动时，本站水准点使用冻结高程时仍保持不变，只把变动差值标注清楚即可。

3. 测站以上（区间）水利工程基本情况的考证

查清测站（区间）以上主要水利工程的分布、名称、类型、标准、效益及变动情况，拦、蓄水情况，引入、引出水情况等。

（三）整编成果质量控制

1. 严格工序

原始资料都需经过三道工序，即初作、一校、二校，在此之后才能进行整编。对于考证、定线、推算、制表及计算机整编的数据加工表，录入数据文件等都需做齐三道工序。

2. 认真考证

测站考证是整编工作的基础，必须做细、做实。只有对各种情况特别是变动情况进行彻底、清楚的考证，才能整编出合理、可靠的成果。否则，不加考证，盲目整编，将难以有效保证整编成果的质量。

3. 打好基础

重视日常测验，发现问题及时解决，要贯彻四随（随测算、随发报、随整编、随分析）制度，把好原始资料收集质量关；合理安排工作顺序，对各环节质量进行控制，如一个节点控制不当，可能造成不应有的返工，如水位未经考证而计算日平均值、流量中突出点未经分析批判而定线推流，都会因水尺零点高程变动或定线不当而重新修改计算。

4. 加强分析

加强整编过程中的分析是掌握水文要素变化规律、要素关联程度的过程，因此要全面了解测验情况。当遇到矛盾和问题时，要深入调查研究，认真分析，力求采用的整编推算方法正确合理，符合测站特性，等等。

5. 执行标准

技术标准是整编工作的法规和依据，只有认真贯彻标准及规范，才能达到统一标准、统一规格，保证整编质量。

二、水位资料整编

水位资料是最基本的水文要素，和流量等水文要素相关联。若水位整编不当，将引起有关整编成果的返工。因此，对于水位资料整编必须给予高度重视。

（一）工作内容

1. 考证水尺零点高程。

2. 绘制逐时或逐日平均水位过程线。

3. 数据预处理并按要求进行整理。

4. 整编逐日平均水位表，水位站可整编洪水水位摘录表。

5. 单站资料合理性检查。

6. 编制水位资料整编说明表。

（二）水尺零点高程的考证

水尺零点高程发生变动的主要原因如下：引据的水准点发生变动，水准测量过程中发生错误，水尺被浮运或船只碰撞，水尺被冰层上拔，等等。考证时可按下述步骤进行：

1. 将本年各次水尺校测记录进行整理，填写水尺零点高程考证表，列表登记各次校测日期、水尺零点高程、引据水准点、校测结果及其他有关情况。

2. 结合水准点考证结果，分析水尺零点高程变动原因和测量误差情况。当本次校测高程与原用的水尺零点高程相差不超过本次测量的允许误差，或虽超过但小于 10 mm 时，其水尺零点高程仍采用原用高程，否则，应分析水尺变动的原因及日期。一般可绘制逐时水位过程线或本站与邻站的水位相关曲线并加以分析，水尺零点高程的变动可能是突变，也可能是渐变。如果被漂浮物或船只碰撞则属突变，如果受结冰上拨则属渐变。根据不同情况，分析确定每支水尺两次校测期间应采用的水尺零点高程。

（三）原始资料的审核与处理

1. 采用人工观测的，审核时以水位记载簿为依据，检查每支水尺使用的日期及零点高程是否正确。换读水尺时，两支水尺计算的水位是否衔接，抽检水位计算的正确性，审查水位的缺测、插补、改正是否妥当，日平均水位的计算及月、年极值的挑选有无错误，以及对河干、断流情况处理是否合理等。

2. 采用自动记录的，还要审查记录文本的完整性、数据精简的合理性、自记中断与人工观测的衔接等。当水位过程呈锯齿状时，宜采用中心线平滑方法进行处理；当水位过程平缓时，可采用摘录的方式进行处理；当水位变化较大较频繁时，宜以水位变化斜率作为控制指标，按指标进行精简。

处理后的水位变化过程应完整。经处理以后计算的日平均水位与采用所有数据计算的日平均水位相差不宜超过 2 cm；有流量资料整编的测站，处理后的水位变化过程应满足推求流量的要求。

3. 当遇到水位缺测而未插补时，整编时应予以插补，其插补方法有以下几种：

第一，直线插补法。当缺测期间水位变化平缓，或虽然变化较大，但与缺测前后水位涨落趋势一致时，可用缺测时段两端的观测值按时间比例内插求得。

第二，过程线插补法。当缺测期间水位有起伏变化，如上（或下）游站区间径流增减不多、冲淤变化不大、水位过程线又大致相似时，可参照上（或下）游站水位的起伏变化，勾绘本站过程线进行插补。洪峰起涨点水位缺测可根据起涨点前后水位的落、涨趋势勾绘过程线插补。

第三，相关插补法。当缺测期间的水位变化较大，或不具备上述两种插补方法的条件，且本站与相邻站的水位之间有密切关系时，可用此法插补。相关曲线可用同时水位或相应水位点绘。如当年资料不足，可借用往年水位过程相似时期的资料。

（四）逐日平均水位表的编制

1. 表内数字符号的填写

表内各日平均水位数字，各种冰情、整编符号，均从审核后的原始记录中抄入。表中水位说明要填清，如本站所用冻结基面与黄海基面高程相差-1.176 m（冻结基面低于黄海基面），应写成：表内水位（冻结基面以上米数）-1.176＝黄海基面以上米数。表下侧统计栏中的月、年平均水位，分别等于一月内和一年内日平均水位之和除以相应日总数。月、年最高、最低水位分别从各月、全年逐时水位中挑选，并注明发生的日期。

2. 各种保证率水位的挑选

在有航运或浮运的河道上，当需要时应挑选保证率水位供航运部门使用。保证率水位是指在一年内高于或等于某一水位的天数。保证率水位从逐日平均水位表的日平均水位中挑选，从高向低数，保证率水位分为年最高平均水位、第 15 天、第 30 天、第 90 天、第 180 天、第 270 天及年最低日平均水位 7 个档次。挑选方法有以下两种：

（1）列表统计法

列表统计法分两种：①水位变幅较大，将一年中日平均水位从上到下分成若干级，分别统计各月在各级水位中发生的次数，横向合计各级水位的总次数，然后再从中自上向下纵向累计，求出各位级分界处的发生次数，判明指定保证率是在哪一水位级中，再从这一水位级中的水位从高到低排列，直到找到所求的保证率水位为止；②水位变幅较小，水位级分较细，同样从高到低划水位级，再逐月将各日平均水位尾数写入表中，依次找出各保证率水位。

（2）日平均水位过程线法（图解法）

适用于日平均水位变化平缓，洪峰涨落缓慢的测站。挑选时，可在日平均水位过程线上直接量取，如挑选第 90 天的保证率水位时，即从高到低，用试错法找一个水位，作水平线，使它与水位过程线相交部分的水平长度恰好等于 90 天，用同样方法找出其他保证率水位。

（五）水位单站合理性检查

进行合理性检查时，可采用逐时或逐日水位过程线分析检查，根据水位变化的一般特性（如水位变化的连续性、涨落率的渐变性、洪水涨陡落缓的特性等）和变化的特殊性（如受洪水顶托、冰塞、冰坝及决堤等影响），检查水位变化的连续性与突涨、突落及峰形变化的合理性。水库及堰闸站，还应检查水位的变化与闸门启闭情况的相应性。

对检查出的水位不连续或反常现象，应深入调查、分析原因，是否由于水准点或水尺零点的变动、观测、记录或计算的错误，断面迁移或换读水尺等方面的错误，水位预处理的不当等。发现疑问时应查清原因并予以妥善的处理。

三、流量资料整编

流量资料的应用较广，水情预报、水资源量、水体纳污能力、生态需水计算以及流域综合规划等都必不可少。流量资料整编是水文资料整编的一项重要内容，是整编工作量较大、技术含量较高的一项工作。

流量资料整编的核心是建立水位—流量关系、流量变化—时间的关系。水位—流量关系复杂，受水力因素的影响很多，各站的特性和控制条件也不尽相同。因此，要整编好流量资料，必须深入地从方法和手段等方面了解实测资料，掌握测站特性并正确运用整编理论、方法。

流量资料整编的主要工作环节有两个：定线和推流。定线就是根据实测流量资料率定出与流量关系密切的水文要素之间的关系，推流就是采用水文要素和率定的关系推求流量。

（一）流量资料整编的内容

1. 编制实测流量成果表和实测大断面成果表。
2. 绘制水位—流量、水位—面积、水位—流速关系曲线。
3. 水位—流量关系曲线分析和检验。
4. 整编数据加工。
5. 整编逐日平均流量表及洪水水文要素摘录表。
6. 绘制逐时或逐日平均流量过程线。
7. 单站合理性检查。
8. 编制流量资料整编说明表。

（二）水位—流量关系分析

一个测站的水位—流量关系是指基本水尺断面处的水位与通过该断面的流量之间的关系。但有时由于各种条件的限制，测流断面与基本水尺断面不在同一处，若相距较近一般不会影响水位—流量关系的建立；若相距较远，但中间无大直流汇入，两断面处的流量基本相等，则基本水尺断面处的水位与测流断面的流量仍可建立关系。天然河流中的水位与流量间的关系有时呈现单一关系，称为稳定的水位—流量关系；有时呈现复杂的关系，称为不稳定的水位—流量关系，即受各种因素影响下的水位—流量关系。

（三）　河道站流量资料整编

1. 一般要求

包括关系曲线的绘制、低水放大图的绘制、逐时水位过程线的绘制、突出点的检查分析和定线五部分内容。

（1）关系曲线的绘制

在同一张方格纸上，以水位为纵坐标，自左至右，依次以流量、面积、流速为横坐标点绘实测点。纵横比例尺要选取 1、2、5 的 10 的整数倍，以方便读图；根据图纸的大小及水位、流量、面积、流速变幅，确定的比例要使水位—流量、水位—面积、水位—流速关系曲线分别与横轴大致成 45°、60°、60° 的交角，并使 3 条关系线互不相交；测流次数较多、关系线比较复杂的测站，可分期或以洪峰为界点绘关系图，然后再综合绘制一张总图。绘制多张图时要注意各图曲线的互相衔接。

（2）低水放大图的绘制

为保证读图精度，水位—流量关系曲线的低水部分一般都要另绘放大图。按照规范标准规定：读图的最大误差应小于或等于 2.5%，这样，不论流量比例如何，放大界限一律位于从零点算起的 20 mm 处，低水放大比例仍按 1、2、5 的 10 的整数倍。

（3）逐时水位过程线的绘制

绘制上述关系曲线，必须先绘逐时水位过程线，避免盲目定线。如果平时没有分月的逐时水位过程线，可以绘汛期洪峰过程线，水位过程线的比例最好与关系线比例一致。

（4）突出点的检查分析

从水位—流量关系点分布中常可发现少数突出反常的点，称为突出点，对这些点应进行认真的分析，找出突出的原因：

突出点的检查，可以从以下三方面进行：①根据水位—流量、水位—面积、水位—流速三条关系曲线的一般性质，结合本站特性、测验情况，从线型、曲度、点据分布带的宽度等方面，去研究分析三条关系线的相互关系，检查偏离原因；②通过本站水位和流量过程线对照，在流量过程线上点绘各实测流量的点，并检查、分析，发现问题；③与历年水位—流量关系曲线比较，检查其趋势是否一致。

突出点的产生原因可能是人为错误，也可能是特殊水情变化。检查时可先从点绘着手，检查是否点错；如果点绘不错，再仔细复核原始记录，检查计算方法和计算过程（着重检查经过改正部分）有无错误；若点绘与计算都没有错误，再从测验及特殊水情方面找原因。测验方面的原因主要有以下三方面：①水位方面的原因。水准点高程错误、水尺校测或计算错误等，会造成关系点子系统偏离；水位观测或计算错误、相应水位计算错误等，也会使关系点子突出偏离。②断面测量方面的原因。测深垂线过少或分布不均、陡岸边或断面形状转折处未测水深，可使面积偏大或偏小；断面与流向不垂直，或测深悬索偏角太大，未加改正，可使面积偏大；测船不在断面线上，所测垂线水深可能偏大或偏小；浮标测流时，如未实测断面，借用断面不当，在冲淤变化较大时，常会发生较大错误。③流速测验方面的原因。测验仪器失准及测验方法不当时，会使流速测验发生较大的误差。如用流速仪测流时，由于流速超过仪器性能范围或未及时检定，而使流速产生较大误差；测速垂线和测点过少或分布不当、测速历时过短，可使流速偏大或偏小；测船偏离断面、流速仪悬索偏角太大及受到水草、漂浮物、冰花冰塞、风向风力等的影响会使流速产生较大误差；用浮标测流时，如浮标类型不同、选用漂浮物不当、断面间距太短、测定浮标通过断面的位置不准、浮标分布不均以及浮标系数采用不当等，都会使流速产生较大误差。

突出点经检查分析后，应根据以下三种情况予以处理：①如突出点是由于水力因素变化或特殊水情造成的，则应作为可靠资料看待，必要时可说明其情况。②如突出点为测验错误造成的，能够改正的应予改正，无法改正的，可以舍弃。但除计算错误外，都要说明改正的根据或舍弃的原因。③若暂检查不出反常原因，可暂时作为可疑资料，有待继续调查研究分析，并予以适当处理和说明。

（5）定线

定线即用图解的方法率定水位—流量关系曲线，分为初步定线和修正曲线。

初步定线：人工定线时，在点绘的水位—流量、水位—面积、水位—流速关系图上，先用目估的方法，通过点群中心徒手勾绘出三条关系曲线。然后用曲线板修正，使曲线平滑，关系点均匀分布于曲线两旁，并使曲线尽可能靠近测验精度较高的测点。计算机定线时，在整编软件上进入关系曲线图形处理界面，选择定线方式，再选择定线类型，计算机可自动生成初步定线图形。

修正曲线：初步绘出的水位—流量关系曲线必须同水位—面积、水位—流速关系曲线互相对照。办法是将初步绘制的曲线分为若干水位级，查读各级水位的流量，应近似等于相应的面积和流速的乘积，其误差 $\dfrac{Q - VA}{Q} \times 100\%$ 一般不超过 $\pm 3\%$，否则，应调整修正关系曲线。式中，Q 为水位—流量关系曲线上查得的流量，V 为水位—流速关系曲线上查得的同水位流速，A 为水位—面积关系曲线上查得的同水位面积。

计算机修线时，可在初步的定线图形上通过操作软件进行修改。

定线时的注意事项：①通过点群中心定出一条平滑的关系曲线，以消除一部分测验误差；②防止系统误差，对突出点产生的原因和处理方法，要做具体说明；③要参照水位过程线，关系线线型应符合测站特性，高低水延长方法要恰当；④所定曲线前后年份要衔接，分期定线要注意前后期曲线衔接，且与主图、放大图衔接，避免由此产生误差；⑤曲线初步定好后，应与历年关系曲线进行比较，检查其趋势及各线相互关系是否合理，如不合理应查明原因进行修改；⑥采用计算机定线时，应在曲线转折、曲率较大处适当增加节点。

2. 单一曲线法

包括关系曲线的特征和定线推流方法两部分内容。

（1）关系曲线的特征

测站控制良好，各级水位—流量关系都保持稳定的站，如果关系点密集成带状，无明显系统偏离，75%以上中、高水流速仪法流量测点偏离水位—流量关系曲线不超过±5%；低水流速仪测点及浮标法测点，偏离曲线不超过±8%（流量很小或非控制站可放宽到±8%和±11%）时，可通过点群中心，绘制一条单一水位—流量（面积、流速）关系曲线。

（2）定线推流方法

根据上述定线的原则和步骤，制定水位—流量关系曲线，并据此由水位推求流量。

3. 临时曲线法

包括关系曲线的特征和定线推流方法两部分内容。

（1）关系曲线的特征

在点绘的水位—流量关系图上，若明显地发现测点有规律地分布成几个带状，各带状之间有少数测点变动，说明水力因素的变动只发生在短暂的时间里，大部分时期都处于相对稳定的阶段，整个关系线可定出少数几条稳定的单一曲线。本法主要适用于不经常性冲淤的测站，有时也用于结冰影响时期的推流。

（2）定线推流方法

首先，依时序了解测点的分布及走向，参照逐时水位过程线的变化，分析和确定各相对稳定阶段测点的分布规律，分别定出单一曲线；其次，再考虑各单一线之间的过渡问题，把各条稳定曲线连接成一个完整的推流过程。

4. 改正水位法

改正水位法是将复杂的水位—流量关系曲线进行单值化处理的一种方法。本法只需要制定出一条标准的水位—流量关系曲线，将逐时水位进行改正，即可在标准曲线上直接推流。

改正水位法适用于受经常性冲淤但变化较缓慢的测站，也适用于水草生长或结冰影响的时期，要求有精度较高的测点，分布均匀，并能控制流量变化的转折点。

5. 校正因数法

它以洪水流量基本方程为基础，通过试算法建立 $Z - Q_c$ 和 $Z - \dfrac{1}{S_c U}$ 两条关系曲线进行流量资料整编的一种方法，适用于受洪水影响的单式洪水绳套，对于复式绳套则需分割洪峰分别进行校正。

6. 抵偿河长法

该法适用于断面比较稳定，断面附近上游无支流汇入，水位—流量关系受洪水涨落影响的测站。在洪水涨落影响下，水流为非稳定流，单值关系不复存在，可以运用抵偿河长的原理来进行分析。

抵偿河长是指能使河段中断面水位、河槽蓄量和下断面流量三者之间保持单值函数关系所对应的河段长度。

使用抵偿河长的原理，定线、推流的具体方法有上游站水位法和本站水位后移法两种，其共同点是不直接计算抵偿河长，而用试算法确定稳定流的水位—流量关系，用于推流。

7. 落差法

对于受变动回水影响的测站可以采用落差法进行整编，其基本关系式为：

$$Q = f(Z, \Delta Z)$$

$$(5-1)$$

$$\frac{Q_1}{Q_2} = \left(\frac{\Delta Z_1}{\Delta Z_2}\right)^{\beta}$$

$$(5-2)$$

对于受洪水涨落影响的测站，只要比降与落差的关系较好，也可以采用落差法进行整编。从洪水涨落影响下的流量公式中知：

$$Q_m = Q_c \sqrt{1 + \frac{1}{S_c U} \cdot \frac{\mathrm{d}Z}{\mathrm{d}t}}$$

$$(5-3)$$

式中，Q_m 为受洪水涨落时的流量，m^3/s；Q_c 为与 Q_m 同水位的稳定流流量，m^3/s；U 为洪水波传播速度，$2s$；S_c 为稳定流时的比降。

则上式改写为 $\dfrac{Q_m}{Q_c} = \left(\dfrac{S_m}{S_c}\right)^{1/2}$，当比降与落差关系较好，并将"1/2"用 β' 代替时，则

$$\frac{Q_m}{Q_c} = \left(\frac{\Delta Z_m}{\Delta z_c}\right)^{\beta'}$$

$$(5-4)$$

此时的 β' 除含有 β 值的含义外，还有因洪水波传播引起的比降因素，即 $\beta' = \beta + \Delta\beta$。当落差与比降关系好时，$\Delta\beta \approx 0$。式（5-4）可以改写为

$$\frac{Q_m}{Q_c} = \left(\frac{\Delta Z_m}{\Delta z_e}\right)^{\beta}$$

$$(5-5)$$

8. 连时序法

连时序法适用于受某一因素或综合因素影响而连续变化的情况。该法要求测流次数较多，并能控制水位—流量关系的转折点。

定线时，先要点绘水位—流量、水位—面积、水位—流速关系图，同时点绘水位过程线，然后按时间顺序进行分析，找出各个时期的主要影响因素，并以其影响因素的变化做参考，按时序连绘水位—流量关系曲线。

对于受变动回水及洪水涨落影响的时段，流量主要受流速变化的影响，应参照水位—流速关系曲线的变化趋势，并参照水位与比降（或落差）的关系曲线定出连时序的 $Z-Q$ 曲线。受冲淤或结冰等影响时，则主要参照水位—面积关系曲线的趋势来连线。对于受冲淤影响的测站，为了分析冲淤的性质，有时还点绘含沙量过程线、平均河底高程过程线等。如各种因素同时作用时，则应分析出其主要的影响因素，定线时按主要因素的趋势来确定 $Z-Q$ 曲线的走向，并兼顾其他次要因素。这种情况下，曲线的变化将更为复杂，连线时应进行深入分析，分情况加以处理。连时序法所绘绳套的顶部与底部，应与相应的水位过程线的峰、谷水位相切。

当影响因素并无明显变化，而测点偏离较大时，经分析后可通过几个测点的中心来连线，不必勉强通过每一测点，这样可消除一部分测验误差。对于测点较多、曲线变化又较复杂的测站，其水位—流量关系的连时序线应分割为几个时段，分别定出关系曲线以便于推流用，但应妥善地处理好其衔接部分。推流时，可以时间为参数根据实测水位在对应的曲线上查得流量。

9. 连实测流量过程线法

直接将实测流量值与时间点绘关系线，推流时可按时间在曲线上内插流量。

这种方法适用于流量测次较多，单次流量测验精度较高，基本上能控制流量的变化过程，同时水位—流量相关程度较低、关系较复杂，难以采用水位—流量关系定线推流的测站。尤其是水位起伏变化大，而流量变化平缓的站更适宜采用。

使用本方法的注意点：①要注意绘制流量过程线时，应参照水位过程线，从中可以发现突出点并插补出峰、谷点；②对峰、谷点特别是月、年极值点进行插补时，应充分考虑测站特性，结合洪水特点，必要时还应点绘出缺测部分的局部水位—流量、水位—面积关系曲线进行分析；③对由于插补而整编出的极值还应结合上下游进行合理性对照分析，以减少插补点导致的整编成果的任意性。

（四）水工建筑物的流量资料整编

堰闸、涵洞等水工建筑物都是理想的量水建筑物，根据建筑物的结构类型、开启情况、水流流态等因素，选定适合的流量计算公式，率定其有关参数后即可推算流量。水力发电站和电力抽水站也可以借助其实测资料，通过能量转换公式算得的效率曲线来推算流量。

利用水工建筑物或水电站、抽水站推流，就是根据各种水力条件下的实测流量，率定出相应的流量系数或效率系数。推流的方法有流量系数法和相关分析法两类。

1. 流量系数法

首先，根据水工建筑物的结构型式、出流方式，选用相应的流量公式，由实测流量和水位等反求流量系数或效率系数。然后，选取一两个能经常观测的主要相关因素，与流量系数或效率系数建立系数曲线。在推流时先由实际观测的水位等数据查得相应的流量系数，并应用选定的公式计算即可。

2. 相关分析法

通过对流量与其主要影响因素之间的相关分析建立经验公式来推求流量系数，并据以推求流量，如图解法、堰闸过水平均流速法等。

（五）流量自动监测资料整编

流量自动监测主要应用于水位—流量关系复杂、紊乱，常规流量监测手段无法满足流量资料整编要求的情况。无论采用何种形式的设备，流量在线监测资料整编的思路大体都是根据指标流速推算的断面流量，以推算的断面流量作为实测流量，按实测流量过程线法应用于测站流量资料整编。目前，新方法主要有神经网络法和比例系数过程线法。

自动监测资料整编可分为两大部分：①进行监测数据的预处理，主要内容是剔除不合理或错误数据，确保登录数据库监测数据的合理性；②按连实测流量过程线法进行测站流量资料整编。

1. 基于 BP 人工神经网络法的流量整编技术

（1）基于 BP 人工神经网络的代表流速率定

运用神经网络进行非线性拟合与预测是近年兴起的新方法，其优点是可以模仿人脑的智能化处理，对大量非线性、非精确性规律记忆、自主学习、知识推理和优化计算，其自主学习和自适应功能是常规算法和专家系统所不具备的。

水文过程模拟和预测中利用 BP 算法进行断面平均流速与所选代表流速的函数关系率定算法步骤如下：①按常规实测流量时间段，从 H-ADCP 流速序列中提取相应的流速监测数据，取时段均值作为输入，以常规测流的断面平均流速作为对应的输出，构成输入—输出样本；②从监测数据中选取具有代表性的流速单元，确定输入层单元、隐层单元和输出层单元数目，确定 BP 网络结构；③根据河段实际情况，依据流量级将样本划分为中高水和低水分别训练，直到达到预定拟合精度，分别输出 BP 网络权重系数矩阵。

（2）模型检验拟合

以三峡枢纽坝下游黄陵庙水文站 H-ADCP 流量监测为例，其选用的 BP 网络结构为 9 个输入单元、15 个隐层单元、1 个输出单元。将样本按 12 000 m³/s 流量级划分中高水与低水两个量级，利用样本对中高水和低水流量级数据分别进行训练，建立各自对应的 BP 网络。

2. 比例系数过程线法

对于指标流速（流量）—断面平均流速（流量）关系点据散乱或者不稳定的测站，如有较多的实测流量比测次数，且分布比较均匀，可采用比例系数过程线法进行整编。

比例系数可按式（5-6）计算：

$$m = \frac{\bar{v}}{v_d} \text{ 或 } m = \frac{Q}{Q_d}$$

$$(5-6)$$

式中，m 为比例系数；$\bar{v}$ 为实测断面平均流速，m/s；Q 为实测断面流量，m³/s；v_d 为与实测断面平均流速所对应的时段平均指标流速，即相应指标流速，m/s；Q_d 为与实测断面流量所对应的时段平均指标流量，即相应指标流量，m³/s。

点绘比例系数过程线：以比例系数 m 为纵坐标，实测断面流量的平均时间为横坐标，参照水位过程，点绘比例系数过程线。

推流方法：以实测指标流速（流量）的相应时间，在比例系数过程线上求得比例系数，再乘以指标流速（流量），即为断面平均流速（流量）。

（六）水位—流量关系曲线的检验

水位—流量关系曲线的建立应经过初定、分析、调整、检验、确定等步骤，检验是确定关系曲线的关键环节，其目的是保证推流的精度。

水位—流量关系曲线的检验有三项：符号检验、适线检验和偏离数值检验，这些检验的对象都是随机变量，均属于"假设检验"。检验时要先做一定的假设，通过实测资料检验该假设是否成立。判断时所使用的基本原则是"小概率事件在一次观察中可以被认为基本不会发生"作为检验标准的概率，该概率称为显著性水平 α ，$1-\alpha$ 则称为置信水平。

1. 符号检验

符号检验的目的是判断两随机变量 x 和 y 的概率分布是否存在显著性差异，即对统计假设 H：$P(x) = P(y)$ 进行显著性检验。对水位—流量关系曲线而言，就是检验所定水位—流量关系曲线两侧测点分布是否均衡合理。

当定出水位—流量关系曲线后，各关系点分布在关系曲线的两侧。若将关系线右侧各点记为"+"，左侧各点记为"-"。分别统计测点偏离水位—流量关系线的正、负号个数；偏离值为零者，作为正、负号个数（各半分配），按式（5-7）计算统计量 u：

$$u = \frac{|K - 0.5n| - 0.5}{0.5\sqrt{n}}$$

$$(5-7)$$

式中，u 为统计量，n 为测点总数，K 为正号或负号的个数。

2. 适线检验

将实测点按水位递增顺序排列后，则各实测点偏离曲线的符号有"+""-"，如相邻两点偏离曲线同符号，记为"0"，不同符号记为"1"，则 n 个关系点"0"和"1"之和为 $n-1$。适线检验是单侧检验。因为"1"出现的次数越多，或"0"出现的次数越少，适线越好。

3. 偏离数值检验

该检验是检查测点偏离关系线的平均偏离值（即平均相对误差）是否在合理范围以内，以论证关系曲线定得是否合理。

检验方法：设测点与关系曲线的相对偏离值为

$$p_i = \frac{Q_i - Q_{ci}}{Q_d} (i = 1, 2, \cdots, n)$$

(5-8)

式中，Q_i 为实测流量，Q_{ci} 为实测流量在所对应的曲线上查得的流量，n 为实测点数。

则平均相对偏离值（即平均相对系统误差）为：

$$\bar{p} = \frac{1}{n} \sum_{i=1}^{n} p_i$$

(5-9)

$\bar{p}$ 的标准差为：

$$S_{\bar{p}} = \sqrt{\frac{\sum_{i=1}^{n} (p_i - \vec{p})^2}{n(n-1)}}$$

(5-10)

构建统计量 t 为：

$$t = \frac{S_{\bar{p}}}{}$$

(5-11)

进行检验时，应按式（5-11）计算 t 值。

4. t 检验

t 检验是以数理统计为基础的一种检验方法，用来判断稳定的水位—流量关系是否发生了显著变化（即测站控制条件是否发生变动或转移）、定线是否有明显系统偏离等。进行 t 检验的目的是判断所定的水位—流量关系曲线能否适用于相邻年份、相邻时段。

t 检验的基本出发点为假定两组变量在总体方差相同和两组总体均值相等的条件下，对两组样本的均值加以比较，据以判断原曲线有无明显变化。

统计量 t 按式（5-12）计算：

$$t = \frac{\bar{x}_1 - \bar{x}_2}{S\sqrt{\frac{1}{n_1} + \frac{1}{n_2}}}$$

(5-12)

其中，

$$S = \sqrt{\frac{\sum_{i=1}^{n_1}(x_{1i} - \bar{x}_1)^2 + \sum_{i=1}^{n_2}(x_{2i} - \bar{x}_2)}{n_1 + n_2 - 2}}$$

(5-13)

式中，x_{1i} 为第一组第 i 测点（用于校测检验时为原用于确定水位—流量关系曲线的流量测点）对关系曲线的相对偏离值，x_{2i} 为第二组 i 测点（用于校测检验时为校测的流量测点）对关系曲线的相对偏离值，$\bar{x}_1$、$\bar{x}_2$ 为第一组、第二组平均相对偏离值，S 为第一组、第二组测点综合标准差，n_1、n_2 为第一组、第二组的测点总数。

（七）流量整编成果的合理性检查

整编成果的合理性检查，就是通过各种水文要素的时空分布规律，进一步论证整编成果的合理性，并从中发现整编成果中的问题，予以妥善处理，以保证整编成果的质量。同时，对今后测验工作提出改进意见或建议。

1. 单站合理性检查

单站合理性检查，就是通过本站当年各主要水文要素的对照分析和对本站水位—流量关系比较，以确定当年整编成果的合理性。

（1）流量过程线与水位过程线对照分析

除冲淤或回水影响特别严重的时期外，水位与流量之间有着密切的联系。两种过程的变化趋势相同，且峰形相似，峰谷相应。若发现反常现象，可以从推流所用的水位、推流方法、曲线的点绘和计算方法方面进行检查。

（2）历年水位—流量关系曲线的对照分析

水位—流量关系是河段水力特性和测站特性的综合反映。从综合历年水位—流量关系图上能看出曲线的变化趋势。若高水控制良好，冲淤或回水影响不严重，则曲线变化趋势应基本一致；水情变化情势相似的年份，曲线的变动程度也应相似，否则应查明原因。尤其是高水延长部分，更应查明原因。

2. 综合的合理性检查

综合的合理性检查是指对各站整编成果做全面检查。主要是利用上下游或流域上各水文要素间相关关系或成因关系来判断各站流量资料的合理性。其主要方法如下：

（1）上下游洪峰流量过程线及洪水总量对照

检查时需要绘制"洪水期综合逐时流量过程线"及"各站洪水总量对照表"。洪水期综合逐时流量过程线，是把上下游各站流量过程线用同一纵横比例绘在一起，以不同色彩和不同形式的线条表示。有支流汇入的河段，可将上游站与支流站的流量错开传播时间相加，将其合成流量的过程线绘入图中进行比照。在计算洪水总量时，一般不割除基流。截取洪峰时，注意使上下各站的截割点与洪峰传播时间相应。对照分析时，着重检查洪水沿河长演进时上下游过程是否相应、峰顶流量沿河长的变化及其发生时间的相应性，检查洪水总量的平衡情况。

（2）上下游日平均流量过程线对照

对于日平均流量，上下游变化应该相对应。用上下游逐日平均流量过程线可以综合全面地检查上下游日平均流量是否异常。在冰期流量对照时要与冰情记载结合起来检查。

（3）上下游水量对照

上下游水量对照时，一般都用水量平衡的概念。可以用上下游月、年平均流量对照表来对照分析。若区间面积较大时，可根据区间面积及附近相似地区的径流模数来推算区间月、年平均流量，也可以用降水径流关系来推求，然后将上游站和区间流量相加后与下游站相对照。

流量整编成果经过审查环节后，应编写流量资料整编说明书，其内容包括：测站的基本情况，如基本设施、流量测验方法和测次等，测站特性和当年水情概况，测验、计算及整编中发现的影响流量资料精度方面的问题及处理情况，突出点的分析、批判和处理，推流方法的选择。推流方法的选择应详细论述和交代，以便作为今后应用资料时的参考。

四、泥沙资料整编

（一）悬移质输沙率资料整编

悬移质输沙率资料整编的内容和步骤包括：收集整编有关资料，对输沙率测验成果进行校核和分析，编写实测悬移质输沙率成果表，确定推求断面平均含沙量、断面输沙率的方法，推求逐日平均输沙率、含沙量，并编制相应的逐日表和洪水含沙量摘录表，进行合理性检查，等等。

1. 实测资料的检查分析

内容包括单样含沙量（单沙）过程线分析、单沙—断沙关系分析。

（1）单沙过程线分析

将水位、流量、单沙过程线绘在同一张图上，若有输沙率资料，将断沙也绘在图上，对照检查各因素变化的趋势。如有突出不相应的测点，应做分析研究。出现突出现象的原因，通常有测验问题和天然因素的影响两个方面。在测验方面，如沙样称重或计算错误，导致单沙量忽大忽小，取样位置不当或单位水样受脉动影响，引起含沙量成锯齿形跳动等；在天然因素影响方面，如季节、洪水来源、暴雨特性等变化，均使水位、流量、含沙量发生不相应的变化。

（2）单沙—断沙关系分析

点绘全年各次实测输沙率的相应单沙和断沙的关系，参考历年单沙—断沙关系曲线的规律，对实测资料进行检查。若发现有关系点与单沙—断沙关系曲线的一般规律不相适应，应对该测次偏离关系曲线的原因进行分析。一般可点绘流速、含沙量横向分布图和其他测次进行比较。通常造成突出偏离的原因有三个方面：①相应单沙代表性差或测验计算方面存在问题。例如，输沙率测验期间含沙量变化大，只测了一次单沙作为这次输沙率的相应单沙，代表性不好，相应单沙的测验位置和方法与其他测次不同，计算错误等。②输沙率测验或计算方面存在问题。如垂线太少或布置不当，含沙量、输沙率计算错误等。③特殊水情的影响。如断面冲淤变化很大、主流大幅度摆动等。

经过分析，凡属单沙和输沙率计算方面的错误，应予改正；如系测验方面存在问题，错误较大且不能改正的，可以舍弃；因为特殊水情造成的突出点，应该予以整编，并作为改进测验方法的分析资料。

2. 单样含沙量（单沙）的插补方法

为了获得完整的整编成果，单沙测次必须控制全年含沙量的过程变化。如因特殊原因缺测单沙，在条件许可时应进行插补。由于影响含沙量的因素十分复杂，在选用插补方法时，应对测站特性、洪水来源、沙量来源等情况深入分析，了解含沙量的变化和有关因素，如水位、流量、暴雨、冲淤影响等之间的关系，如插补重要沙峰，更应仔细分析研究。

插补单沙的方法有以下几种：

（1）直线插补法

在水位平缓、含沙量变化不大，或虽然水位和含沙量变化较大，但单沙测次间隔时间不长，且未跨过峰、谷时，可用缺测时段两端的实测单沙，按时间比例内插缺测时段的单沙。

（2）连过程线插补法

在水位（或流量）变化不大，或者变化虽大，但单沙缺测时间不长时，可根据水位和流量过程线的起伏变化，连绘单沙过程线。如果上下游有测站，还可参照上下游站的流量、含沙量过程线的起伏变化进行插补。

（3）相关插补法

在没有支流汇入或冲淤变化较小的河段，上下游两站的含沙量常有较好的相关关系，可用上下游两站相应的实测单沙点绘相关图，通过点群中心定出相关线。如果能满足精度要求，就可用来插补其中一站缺测时间的单沙。有的测站流量和含沙量的关系良好，通过流量与含沙量相关线插补。

3．推求断面平均含沙量的方法

方法有单沙—断沙关系曲线法、实测断沙过程线法、单断沙比例系数过程线法、流量与输沙率关系曲线法和实测单沙过程线法五种。

（1）单沙—断沙关系曲线法

这是推求断面平均含沙量所采用的主要方法。适用于单沙—断沙关系比较稳定的测站。因测站特性不同，关系曲线的型式有单一线型和多线型，可以是直线也可以是折线。

①单一线型

全年的单沙—断沙关系点密集成一带状，不随时间、水位或单沙测验位置和方法而存在明显系统偏离，且有75%以上的测次的关系点与平均关系线的偏差不超过±10%（测验精度较低的，可放宽到±15%）时，可采用此法。

定线时，根据关系点的分布趋势，用目估或用分组求重心的方法，通过点群中心和原点，定出一条直线或光滑的曲线，使点均匀地分布在关系线的两侧。

在平均曲线的两旁，分别作出偏离该线±10%（或±15%）的两条线，计算这两条线范围内点数与总点数的比值，该比值应大于75%。

②多线法型

全年的单沙—断沙关系点分布趋势不一致，随时间、水位或单沙测验位置、方法而明显分散成几个独立的点群时，可分别用时间、水位或单沙测验位置、方法做参数，参照单一线的定线要求，定出多条单沙—断沙关系线。

测站断面比较稳定，但在一定水位以上，受河流漫滩、分流或弯道影响，致使含沙量的横向分布随水位而有变动时，如单沙系在固定位置施测，全年的单沙—断沙关系不是单一线，可用水位做参数，定出几条单沙—断沙关系线。

当河道主流摆动，断面有冲淤变化，使含沙量的横向分布随时间不同而有变化时，如单沙在固定位置施测，则可分时段定几条单沙—断沙关系线。单沙—断沙多线法的定线方法及要求与单一线法相同。利用单沙推求断沙时，应根据施测各单沙时的水位或时间等参数，查有关的关系线，推求各次单沙时间的相应断沙。

（2）实测断沙过程线法

在单沙—断沙关系不好，实测输沙率测次能够控制含沙量过程变化的测站，可以采用实测断沙过程线法推求断面平均含沙量。采用这种方法要求实测输沙率测次较多，特别是洪水期。同时，要求单次输沙率测验精度较高。

（3）单沙—断沙的比例系数法

方法有单沙—断沙比例系数过程线法和水位与比例系数关系曲线法。

单沙—断沙比例系数过程线法：当单沙—断沙关系点分布散乱，无一定规律可循时，经分析确认散乱的原因主要是受水沙特性影响，如测站断面有经常性冲淤变化，主流摆动频繁，致使断沙 $\bar{C_x}$ 与相应单沙 C_{sur} 的比例系数 m（即 $\bar{C_s}/C_{sur}$）依时序而变化，而输沙率测次又足够多且分布比较均匀，基本上能控制比例系数 m 随时间变化的过程线。由各次实测单沙的时间，在过程线上查出 m 值，乘以该次实测单沙，即为相应时刻的断沙。

水位与比例系数关系曲线法：适用于主流随水位增高而逐渐移动，单沙测验位置固定，而水位与比例系数的关系点密集成带状，能定出符合精度要求的关系线。

（4）流量与输沙率关系曲线法

当测站不能建立起任何一种单沙—断沙关系，而流量与输沙率关系较好时，输沙率测次基本能够控制各主要水、沙峰涨落变化过程时，可用此法推求断沙。

小流域的山区河流源短流急、泥沙来源比较单一，通常洪峰和沙峰同时出现，其流量和输沙率（或断沙）之间的关系可能成一条或几条关系线。但一般河流的流量与输沙率（或断沙）关系常呈绳套曲线型，洪峰和沙峰常不对应，且峰量各有大小，必须有较多的实测输沙率测次，才能绘出绳套关系曲线。

（5）实测单沙过程线法

这种方法仅适用于单沙—断沙关系不好，输沙率测次又少或者只测单沙的测站或时期，直接以单沙代替断沙推算逐日平均含沙量。

这种方法在日常测验中应用较多，但掌握不好，整编成果精度不易保证。应从以下几方面控制成果质量：①单沙测次的布置要能够完整控制含沙量的变化过程；②要对单沙的取样垂线的代表性进行分析，以取得代表性较好的取样垂线位置和垂线组合；③要对垂线取样方法进行分析，采用符合测站泥沙特性的方法。需要注意的是，由于这种方法成果精度受限，规范规定只能在二、三类测站使用。

4. 逐日平均输沙率和逐日平均含沙量的推求方法

利用单沙—断沙关系由单沙推求逐日平均输沙率、含沙量的方法，视单沙测验情况不同，有以下几种：

（1）一日施测一次单沙或断沙时，即以该次单沙推求的断沙或实测断沙作为日平均含沙量，乘以日平均流量，即得日平均输沙率。

（2）如几日才施测一次单沙时，其未测单沙各日的日平均含沙量可按前后施测单沙日期的断沙以直线内插求得，再由插补的日平均含沙量推求日平均输沙率。

（3）若干天的水样混合处理时，以混合水样的相应断沙作为各日平均含沙量，并用以推算日平均输沙率。

（4）一日内施测或摘录多次单沙时，视测次分布和流量、含沙量变化的组合情况，分别采用算术平均法、面积包围法和流量加权法计算。①算术平均法。当流量变化不大，单沙测次分布均匀时，可用各次单沙的相应断沙的平均值作为日平均含沙量，并用以推求日平均输沙率。②面积包围法。当流量变化不大，含沙量变化较大且单沙测次分布不均匀时，可用面积包围法。即用各次单沙的相应断沙以时间加权求平均值，作为日平均含沙量，并用以推算日平均输沙率。③流量加权法。当流量和含沙量变化较大，可采用流量加权法计算日平均输沙率，再除以日平均流量得日平均含沙量。

5. 悬移质输沙率、含沙量整编成果的合理性检查

合理性检查分单站合理性检查和综合合理性检查两方面。

（1）单站合理性检查

单站合理性检查的内容除检查整编方法是否正确合理外，应着重进行推求断沙关系线的历年对照和含沙量变化过程的检查。

推求断沙关系线的历年对照。当测验情况没有较大的变动，推求断沙的方法与往年相同时，应将历年推求断沙的关系线进行对照比较，分析曲线的变化趋势、变化幅度和曲线形状。根据一般规律，结合流域的自然地理特性和本站水沙特性的变化，检查本年定线是否正确合理。

含沙量变化过程的检查。可绘制逐日平均流量、含沙量、输沙率过程线对照检查。含沙量的变化与流量的变化常有一定的关系，从历年资料中找出这种关系的一般规律性，检查本年资料的合理性。如有反常现象，应检查是人为的差错，还是由于洪水来源、暴雨特性、季节性因素或流域下垫面条件改变所造成的。

（2）综合合理性检查

对悬移质输沙率、含沙量资料的综合合理性检查，是指对流域、水系上下游站或邻站资料进行上下游站含沙量、输沙率过程线和上下游站月、年平均输沙率对照检查。根据其相互关系、影响因素和沙量平衡原理，综合分析各站资料的合理性。

上下游站含沙量、输沙率过程线对照检查：上下游测站的含沙量过程线之间常有一定的关系，利用这种特性可检查各站含沙量资料。检查时要注意含沙量过程线的形状、峰谷、传播时间、沙峰历时等是否合理。还可参看历年各种洪水形式中含沙量的变化情况，作为验证本年变化过程的参考。

上下游站月、年平均输沙率对照检查：编制上下游各站月、年平均输沙率或输沙总量对照表，利用沙量平衡原理，检查含沙量、输沙率沿程变化是否合理。对于跨月沙峰，可用两月的平均输沙率之和做上下游站比较。有较大支流来沙量影响时，应以上游站和支流站来沙量之和与下游站比较。区间河段有冲淤变化时，可用一定时段内的沙量平衡方程式进行对照检查：

$$W_{su} + W_{sr} \pm \Delta W_s = W_{sd}$$

$$(5-14)$$

式中，W_{su} 为上游站来沙量；W_{sd} 为下游站排沙量；W_{sr} 为区间流域来沙量；$\pm \Delta W_s$ 为区间河段冲淤量，冲刷取正，淤积取负。

沙量平衡法只适用于较长时段的对照检查。当水库有进、出口站和库区地形资料时，可做沙量平衡计算。

（二）泥沙颗粒级配资料整编

泥沙颗粒级配资料整编，包括悬移质、推移质和床沙三种。其整编方法基本相似，内容为审查分析原始资料，编制有关实测及整编图表，推算日、月、年断面平均颗粒级配，合理性检查与计算整编方法基本类似，下面主要介绍悬移质的颗粒级配资料整编方法。

1. 实测颗粒级配资料的检查分析

在同时施测悬移质、推移质、床沙的测站，可将同时施测的三种泥沙的断面平均颗粒级配曲线绘在同一图上，检查三者的相互关系。三条曲线不应相交，小于或等于相同粒径的沙重百分数，以悬移质为最大，河床质为最小。如有反常现象，应检查分析其原因。

以单位水样颗粒级配（简称单颗）小于某粒径沙重百分数为纵坐标，相应的断面平均颗粒级配（简称断颗）小于某粒径沙重百分数为横坐标，点绘关系图。若关系点有系统偏离，可能是单颗取样方法或取样位置不当所致。如单位水样用一点法或主流一线法取样，单颗可能系统偏粗；又如河道的冲淤变化、主流摆动等，也可能使单颗资料在一段时期内系统偏粗或偏细。若单颗—断颗关系散乱，可能是单颗代表性差，分析操作误差较大，计算错误，以及特殊水情、沙情的影响等原因造成。对计算错误的资料，应予改正。

2．悬移质泥沙颗粒级配资料整编数据准备

（1）悬移质泥沙颗粒级配成果表中，小于某粒径级沙重或体积百分数数值达到100%时，其后若有100%数值应省略。

（2）对于使用光电仪、激光仪等自动仪器分析的实测单颗或断颗资料，应按《河流泥沙颗粒分析规程》规定的粒径级，摘录相应粒径级的小于某粒径沙重或体积的百分数。

（3）实测断面平均颗粒级配的相应单颗，应作为单颗参加资料整编。

（4）整编时应使用断颗资料，实测单颗无法推求断颗时，可使用实测单颗资料进行整编。

3．推求断面平均颗粒级配的方法

有单颗—断颗关系曲线法、实测断颗过程线法和实测单颗过程线法（近似法）。

（1）单颗—断颗关系曲线法

以单颗测次控制悬沙级配年内变化过程，且单颗—断颗关系比较稳定的测站，可采用单颗—断颗关系曲线法，将单颗级配换算为断颗级配。

当单断颗关系良好，关系点对平均关系无系统偏离，粗颗粒部分和细颗粒部分关系点的标准差分别在2%～4%和4%～8%，且断颗多于或少于单颗一个粒径的测次少于总测次的20%～30%时，可将单断颗关系定为单一线。当单断颗关系随水位或时间有明显的系统偏离，布成两个以上的点带组时，可按单一线定线要求分别定线。不论关系线是直线或是曲线，其下端均应通过纵横坐标为0的点，其上端是否通过100%的点，则视关系点分布而定。利用单断颗关系将单颗换算为断颗时，如果关系图上单颗比断颗系统偏细，应先根据单颗沙重百分数为100%的粒径级在曲线上查出断颗沙重百分数，再按规定的分级粒径向上增加一个粒径级，作为断颗沙重百分数为100%的对应粒径级，如单颗比断颗系统偏粗，则只利用断颗沙重100%以下的关系线进行换算。

（2）实测断颗过程线法

只测悬移质输沙率而不测单沙的站，或用常测法测推移质输沙率测次较多的站和测定床沙级配的站，可考虑用绘制断颗过程线法推求没有实测断颗资料时期的悬移质或推移质、床沙的断面平均颗粒级配。

（3）实测单颗过程线法

当单颗—断颗关系点很散乱而不能定出关系线，或者只测单颗的测站或时期时，可直接以实测单颗近似作为断颗，并用单颗过程线法，推求日、月、年平均颗粒级配。

4．悬移质日、月、年平均颗粒级配和平均粒径的计算

有日平均颗粒级配，月、年平均颗粒级配和日、月、年平均粒径的计算。

（1）日平均颗粒级配的计算

一日内实测一次单颗或断颗的，以单颗关系法换算的断颗或实测断颗作为该日平均断颗。一日内有多次实测颗粒级配资料的，视粒配和输沙率变化大小，分别采用算术平均法或输沙率加权法计算日平均颗粒级配。未实测之日不做插补。

（2）月、年平均颗粒级配的计算

非汛期一月内只有一日实测颗粒级配资料的，即以该日平均值作为该月平均值。

在一月内有多日（次）实测颗粒级配资料的情况下，当月内输沙率变化较小时，用算术平均法计算月平均值，即

$$P_{mm} = \sum_{i=1}^{n} \frac{P_i}{n}$$

（5-15）

式中，P_{mm} 为月平均小于某粒径的沙重百分数，%；P_i 为月内各日（次）断面平均小于某粒径的沙重百分数，%；n 为观测次数。

当月内输沙率变化较小时，用时段输沙量或时段平均输沙率加权法计算月平均值，即

$$P_{mm} = \frac{\sum_{i=1}^{n} P_i Q_{sT_i}}{\sum_{i=1}^{n} Q_{sT_i}}$$

（5-16）

式中，P_{mm} 为月平均小于某粒径的沙重百分数，%；P_i 为月内各日（次）断面平均小于某粒径的沙重百分数，%；n 日（次）代表时段的平均输沙率，kg/s。

各日（次）代表时段的划分原则如下：两日（次）间输沙率变化较小时，一般以 1/2 处为分界；输沙率变化较大时，以输沙率变化的转折点为分界。

5．泥沙颗粒级配资料的合理性检查

该检查有历年悬移质颗粒级配曲线对照，悬移质颗粒级配时程变化与流量、含沙量过程线对照和悬移质颗粒级配资料的上下游对照。

（1）历年悬移质颗粒级配曲线对照

以本年和历年的年平均颗粒级配曲线进行对照，一般是曲线形状大致相似，且密集成一狭窄带状分布。如发现本年曲线形状特殊，或某时期前后曲线偏离成另一系统，应深入分析，找出变化原因。例如：受自然因素变化影响，如特大洪水、特别枯水、洪水来源不同等；受人类活动影响，如流域内垦荒、水土保持、水利工程施工、河道疏浚、水库拦洪、灌溉引水等；受各时期测验、颗粒分析、水样处理的方法不同的影响等。

（2）悬移质颗粒级配时程变化与流量、含沙量过程线对照

先在历年格纸上绘制各有关因素综合过程线，图的上半部分绘出逐日平均流量、含沙量（或输沙率）过程线，图的下半部分绘出各次实测断面各粒径的小于某粒径沙重百分数过程线。分析各种过程线之间的相应关系和变化规律，借以发现问题。

一般情况下，各粒径百分数的时程是渐变的。在某些多沙河流上，往往是洪水期粗颗粒泥沙比重减少，细颗粒泥沙比重增加，枯水期则相反。由于各流域自然地理、气候情况不同，这一规律不一定在各河流都相同，应根据历年资料找出本站泥沙级配变化规律，进行检查。

（3）悬移质颗粒级配资料的上下游对照

用小于某粒径沙重百分数沿河长的演变图，来分析泥沙颗粒级配沿程分布的合理性。当流域内土壤、地质等自然地理条件基本相同，区间河段又无严重冲淤变化时，一般是悬移质颗粒沿程而下的过程中细沙相对增多，粗沙相对减少。如果在河流流经不同的土壤地质带，河段有严重冲淤变化、大支流汇入或受局部地区暴雨影响等时，则也可能出现反常变化。

第三节　水文数据库

水文数据库是国家四大基础数据库之一的自然资源和空间地理基础信息库的核心部分，是水文数据的重要载体，是以水文数据统一管理和数据共享为主要特征的数据管理系统。

目前，国家水文数据库按照集中与分布相结合的方式在全国部署了四级数据库节点，包含中央、流域、省级、流域及省以下数据库节点（简称"四级节点"）。各级节点以存储的水文数据主要涉及地表水、地下水、水生态（水质）、土壤墒情（土壤含水量）、水文气象等要素，数据总量约为 8.4TB，水文观测数据最早可追溯到 1841 年。数据库主要采用 Oracle 数据库管理系统、Sybase 数据库管理系统或 SQL Server 数据库管理系统作为管理软件和对外发布数据服务的数据库服务器。

一、水文数据库总体架构

国家水文数据库建设工程总体上由四个层次、两大保障体系构成，其中四个层次包括基础环境层、数据资源层、支撑平台层、管理及应用软件层，两个保障体系包括技术标准

与管理办法体系和运行维护与安全管理体系。国家水文数据库的服务对象主要包括水行政主管部门、规划设计机构、科研机构、水利工程运行单位、社会公众、防汛抗旱等政府相关职能部门，以及数据库运行管理部门等。

（一）基础环境层

基础环境层是国家水文数据库建设工程建设与运行的载体，主要由水利信息网和水文监测站网组成，为各级水文数据库提供高速可靠的传输通道和存储环境。国家水文数据库建设工程网络环境主要依托水利信息网，存储及计算环境主要依托现有基础设施。水文监测站网的主要任务是完成对江河、湖泊、渠道、水库的水位、流量、水质、水温、泥沙、冰情、水下地形和地下水资源，以及降水量、蒸发量、墒情、风暴潮等实施监测，并进行计算、分析、传输活动，是水文数据的主要来源。

（二）数据资源层

数据资源层是国家水文数据库建设的核心内容，建设任务主要是数据源建设。数据源建设指各类水文观测数据的电子化、相关业务系统或应用系统中数据库的抽取、转储和加载，并最终存储至国家水文数据库的过程。另外，管理及应用软件层的数据交换系统和维护管理系统是管理数据资源层数据的管理软件，数据交换系统完成省节点与流域机构节点、省节点与中央节点、流域机构节点与中央节点之间的数据交换，数据管理系统是指在数据建设与管理的技术标准规范基础上进行的数据标准化检查和批量入库、数据更新、数据处理、数据维护等工作，为应用和服务提供有效支撑。

（三）支撑平台层

支撑平台层是为国家水文数据库的各类应用、运行维护等提供通用的平台服务和平台接口，为国家水文数据库建设中的资源整合和数据服务提供统一的技术架构和支撑平台，主要由各类商用服务组件和面向水文数据应用的标准统一的服务接口组成。平台服务由商业软件提供，平台接口需要根据国家水文数据库的业务应用需求，按照统一的接口标准开发通用服务接口。

（四）管理及应用软件层

管理及应用软件层主要由站码认证系统、数据交换系统、数据质量控制系统、数据维护管理系统、产品加工系统、门户系统、系统管理系统等软件组成。站码认证系统是对全国水文站的编码进行统一管理，完成站码申请、站码审核、站码发布、站码认证等功能。数据交换系统是实现各级水文数据之间的汇交功能。数据质量控制系统是实现对进入国家水文数据库的数据进行数据完整性、一致性等检查。数据维护管理系统实现各级数据更新、数据维护、数据备份、数据恢复等功能，为国家水文数据库的数据完整性、一致性、实时性服务。产品加工系统是水文数据应用的核心，面向防汛抗旱、水资源管理、农村水利建设、水土保持及涉水工程的规划、设计、运行管理等水利行业应用服务需求，以图形、表格、GIS和虚拟化相结合的方式，直观、准确、动态地为不同类型的用户提供定制化的专业数据服务。门户系统是国家水文数据库的数据共享服务系统，面向涉水行业和社会公众用户，根据水文数据共享管理办法，为各类用户提供水文数据的共享服务。系统管理系统主要是完成国家水文数据库的日常管理功能，包括用户管理、日志管理、配置管理、灾备管理等功能。

（五）技术标准与管理办法

技术标准与管理办法是支撑国家水文数据库建设和运行的基础，是实现应用协同和信息共享的需要，是国家水文数据库中存储的数据可获取、可信、可用的质量保障；也是节省项目建设成本、提高项目建设效率的需要，是系统不断扩充、持续改进和版本升级的需要。

（六）运行管理与安全管理体系

运行管理与安全管理体系是保障系统成功建设、应用与安全运行的基础，包括数据库建设、运行、维护及安全管理等一系列保障体系。

二、水文数据库物理模型

以总体架构为基础构建的国家水文数据库建设工程应在统一的标准基础上，实现国家水文数据库在数据资源层、支撑平台层、管理及应用软件层上的协同工作。同时，保障信息的高度共享与交换，避免重复建设和开发，达到降低建设、管理与运行维护成本和保持开放性与可靠性的目的。

除基础环境层外，国家水文数据库建设工程中的其他三个层次和两大保障体系，按管理层次分别在中央节点（水利部）、流域机构节点（7个流域机构）、32个省份节点（含新疆生产建设兵团）的平台上进行建设和部署，各级系统间通过现有骨干网络互连。实施过程中，按照主流的B/S服务技术架构进行设计和建设。

数据资源、站码认证系统、数据交换系统、数据质量控制系统、数据维护管理系统、产品加工系统、系统管理系统在中央、流域和省级节点建设，向中央报送信息的测站数据将采用冗余方式存储在中央节点。因此有必要统一开发一套通用的国家水文数据库的门户系统，实现水文数据共享服务，在中央节点部署门户系统，在流域机构和省部署门户系统的二级系统，统一向涉水行业用户和社会公众用户提供数据共享服务；所有软件统一采购或者开发，各流域和省级节点根据需求，定制、部署面向不同类型用户的应用服务。

三、水文数据库逻辑模型

国家水文数据库建设工程数据存储体系采用部分冗余模式，数据资源按其管理属性分别存储在中央级、流域级和省级数据库系统中，既满足各级水文部门对水文资料管理与提供服务的需求，又达到全国水文资料公开和共享的要求。

（一）中央节点数据库

中央节点数据库主要存放全国范围的全局数据字典、各类水文数据库、备份数据库。全局数据字典包括全国所有测站的资料索引和水文数据库数据资源目录、水文数据的元数据。中央节点数据库冗余存储全国向中央报送信息测站的时序水文监测资料及成果数据，并实时备份数据。

（二）流域节点数据库

流域节点数据库存储全国范围的全局数据字典、流域范围的各类水文数据、备份数据库等部分。流域节点数据库冗余存储向流域机构报送信息的测站的数据资料以及成果数据，并实时备份数据。

（三）省节点数据库

省节点数据库存储全国范围的全局数据字典、本省范围的各类水文数据、备份数据库等部分。省节点数据库冗余存储向本省报送信息的测站的数据资料以及成果数据，并实时备份数据。

四、水文数据库存储内容

国家水文数据库分为原始数据、管理业务、监测业务、水情业务、水资源业务、水质业务六大类主体数据，其中原始数据、管理业务主体表是监测、水情、水资源、水质四大业务主体表的基础。拟建设的水文数据仅包括水文监测业务的原始数据、成果数据和管理业务数据，其数据类型分为三大类，即测站信息类、原始观测类、整编成果类。

（一）测站信息类

测站信息包括测站以上控制流域的基本情况、水文测站基本情况和测站上下游附近水利工程情况。

测站以上控制流域的基本情况：主要包括河流、水系、流域面积、流域平均高度、坡度、流域平均宽度、河道长度、纵比降、河流走向、河网密度、地形、地貌、区域地质、水文地质条件、土壤、植被、湖泊、冰川等。

水文测站基本情况：主要包括各类测站数量、分布，测站所在水系、河流、站名及站别、断面地点及坐标、至河口距离及集水面积、观测年限、领导机构和测站沿革及考证资料等。

测站上下游附近水利工程情况主要包括：流域已建水库、湖泊、涵闸、抽排水站等水利工程设施的基本情况。

（二）原始观测类

原始观测类是通过不同的数据采集仪器和设备对地表水、水文气象、河道地形等要素现场监测后收集得到的第一手资料。通过不同信息载体进行存储、记录（有数字记录，也有模拟记录），以作为水文资料分析处理与整编的基础，也是进行雨水情预报、水文基础研究与扩展水文信息综合服务对象，提高水文信息服务能力的重要基础资料。

原始数据包括水位、流量、悬移质、推移质、颗分、降水、蒸发、固定断面、水下地形、水文气象等各类水文监测数据。

（三）整编成果类

地表水整编成果资料主要包括水文测站基本信息，如水文水位站沿革、各水文要素整编说明等；日值信息，如逐日水位、逐日流量等；摘录信息，如洪水水文要素摘录、降水量摘录、堰闸水库洪水水文要素摘录信息等；月、年统计信息，如流量月、年统计，蒸发量月、年统计，含沙量月、年统计，潮位月、年统计信息等；实测成果信息，如实测成果流量、实测大断面、实测悬移质输沙率信息等；时段统计信息，如时段最大洪量、分钟时段最大降水量、日时段最大降水量信息等；注释信息，如注解表、水计量单位表、标识符索引信息等。

五、水文数据库管理

水文数据库是以水文数据为核心的共享资源，在数据库设计完成后，需要建立、监控和维护数据库，其管理主要包括运行环境维护、数据质量管理、数据组织结构管理。

（一）运行环境管理

数据库管理系统（DBMS）是管理数据库的软件，即数据库运行的主要软件环境，它实现了数据库系统的各项功能，各种应用程序通过 DBMS 访问数据库。负责数据库管理的人员或集体称为数据库管理员（DBA）。

（二）数据库安全控制管理

水文数据库是共享的资源，又要适当保密。只有解决安全问题，才能实现共享。保障水文数据资源安全是 DBA 的重要职责之一。尤其在计算机网络发展迅速的今天，保障水文数据库数据安全，防止数据被窃取和审改，是一项重要的任务。

DBA 要充分利用 DBMS 所提供的手段，辅以必要的水文数据库管理的规章制度，确保水文数据的安全。数据库用户及其访问权限应由 DBA 控制，DBA 的特权不能转让给别人。对一些敏感的数据，如重大水利水电工程、国际河流、河道地形数据要加强跟踪审查，一旦发现窃密的企图，DBA 应及时分析处理。数据库的口令应加强管理，定期更新。

水文数据库是重要的基础数据资源，不允许破坏或丢失，DBA 应在制度和技术上采取严格的措施，防止计算机病毒和黑客的入侵，造成水文数据库的破坏。DBA 应定期进行数据库备份，包括日志备份，并将备份复本保存到安全的地点，进行必要的恢复测试，以确保在计算机系统发生故障时，能在最短的时间内恢复水文数据资源，保障水文数据库的持续服务能力。

（三）数据质量管理

水文数据库是各类水文服务的数据基础，是水情预报、水资源分析计算、防洪评价、环境评价等水文业务的重要分析资料，水文数据库的数据质量关系到水文服务的质量。因此，在对水文数据库的管理中数据质量管理十分重要。水文数据库的数据质量主要从以下两方面进行管理：

1. 数据的完整性

水文数据库数据的完整性是水文数据库的基本要求之一，包括基础信息的完整性和业务数据的完整性。

基础信息的完整性主要考察：规定的基本情况信息是否完整，是否能够完备描述监测对象的测验类型、位置、坐标、河流、区域、单位等属性信息，进而通过基础信息建立有效的水文数据索引；测验对象沿革信息是否完成，包括迁移、更名、测验方法变化、管理单位变化等；数据说明信息、字典信息是否完备，如测验要素的单位、数据修订情况等。

业务数据的完整性主要考察测验对象是否齐全以及测验对象规定的测验项目数据是否完整。主要根据每年主管单位制定的测验任务计划书的要求，核查本年度测验对象是否齐全，如有多少水文站、水位站、雨量站、水质监测断面、河道监测断面等；再核查每个测验对象测验项目数据是否完整，如水文站的流量、水位、含沙量等，水质监测断面的金属、非金属、生态指标等。

通过数据库的完整性约束功能，从多个纬度对水文数据库的数据完整性进行检查，如有日表数据，就应该有月、旬、年表数据；有流量数据，就应该有水位数据等，使水文数据库能够提供完整且齐全的水文数据服务。

2. 数据的连续性

除非有特殊需求，一般情况下水文数据主要是以时间为轴的时间序列监测数据，在时间上具有一定的连续性特征。水文数据库的数据连续性也是数据完整性的一个重要体现。

水文数据库的数据连续性表现在水文过程线上，应该是一条没有缺口的完整曲线。通过对水文过程线的检查，对水文数据库数据的连续性进行管理是水文数据库数据质量管理的重要手段之一。

（四）数据组织结构管理

水文数据组织结构管理主要是指对存储水文数据的表结构进行必要调整、优化、扩展以及数据迁移、转储等操作，使水文数据库更加合适水文数据的存储管理以及水文数据的应用与服务。

1. 表结构调整、优化、扩展

表结构一般是指数据库中存储各类数据的库表结构设计，包括表名、字段、主键、索引，以及字段的数据类型和约束信息等。水文数据库的表结构都是有相应的数据库表结构及标识符标准所规定的。

随着水文监测技术的发展和方法的革新，部分表结构的字段长度、精确度等属性会发生变化，现有的表结构无法满足数据存储的需要，这时就需要对数据库的表结构进行调整优化，当测验项目发生变化时，如测验项目增加了，就需要对表结构进行必要的扩展。表结构调整优化时，首先要对数据库进行备份，以防止表结构变化时影响数据的正确性和有效性，调整优化需要对数据进行合理性检查，以确保数据库表结构的变化不会对历史数据造成损失。当这种调整、优化、扩展经常发生时，根据实际需求，就要考虑对数据库的表结构标准进行修订或重新编制。

2. 数据迁移、转储

当水文数据库的服务器或数据库管理软件根据需要更换时，就需要进行数据迁移。数据迁移的手段有多种，根据不同的情况选择合适的迁移手段是数据安全迁移的重要保障。

同构数据库系统之间的数据迁移可以采用数据库管理系统提供的或第三方数据导出导入工具，也可以使用数据库分离、加载的方法，还可以使用数据库管理系统提供的数据库备份、还原功能。异构数据库系统之间的数据迁移一般采用数据库管理系统提供的或第三方数据导出导入工具，或基于公共结构的中间平台进行数据转换，如 Excel、二进制文件等。不管使用什么方法，在操作之前都应该对数据库进行备份，以保障数据的安全。

当数据库的表结构发生变化时，如表结构标准进行修订或重新编制了新的数据库表结构，此时需要将历史数据转储到新表结构下的数据库中，就需要进行数据转储。水文数据库数据转储主要依托计算机技术实现数据转储服务和成果验证。

六、水文数据库应用与服务

建设水文数据库的主要目的是有效管理水文数据并实现数据资源共享、应用与服务，发挥水文资料基础性和支撑性作用。水文数据服务是水文数据服务经济社会发展的必然需求，也是水文服务核心所在。当前，利用水文数据服务行业、社会公众的能力不足，内容过于简单，与水文数据功能价值极不相称；随着水利现代化和信息化的发展，经济社会对水文数据的共享服务能力提出更多、更高、更新的应用需求。

水文数据库的应用与服务要求能够屏蔽数据源之间的差异，实现基于不同数据源的水文数据服务无缝连接，满足快速准确的数据定位、数据查询、数据申请快速响应、定制计算、中间成果计算以及应用服务痕迹记录的需求。具体提供数据索引服务、数据在线申请审批、结合 GIS 实现水文信息的在线展示和可视化查询、各类基于数据库的分析计算等功能。

（一）数据索引服务

1. 索引发布

根据数据资源分类规范，自动抽取数据索引信息，构建数据资源与索引信息之间的实时动态关联。

2. 索引使用

按照"站""时间""要素"等关键信息提供数据资源索引服务，通过索引服务了解水文数据资源的存储和管理状态，即所需要的数据是否存在、数据量及存储位置。

（二）数据申请服务

申请人选择需要的数据资源，填写数据申请单，按照数据服务管理办法，提交各级审核审批，审核通过后，提取所申请的水文数据。

（三）数据查询

1. 基础信息查询

根据"站名""站码"等信息查询某一对象的基础信息数据，如测站基本信息，支持扩展查询其他与测站有关的基本信息，如测站基础设施信息、人员信息等。

2. 业务数据查询

按照"表""站""时间""要素"等关键信息查询所需业务数据。

（四）分析计算

1. 基本计算

通过关系型数据库的分析计算功能，实现水文数据的各种统计分析计算以及各类数据分析处理。为社会公众提供数据服务（门户系统）和专业数据产品服务系统中的公共基础服务部分。

（1）数学计算方法

提供方程求解、高级数学运算、在 $X - Y$ 数对做内插、统计分析等各类数据计算方法。

（2）数据处理

对水文数据进行基础处理，包括：单位转换、高程转换、时段长度处理、水库（湖泊）的面积计算、容积计算。

（3）时段量统计

以时序数据为基础，统计计算以小时、日、月、年等为单位的统计量。如日均水位、流量，月均水位、流量，年水量、年雨量等。

（4）特征值计算

以时序数据为基础，计算以小时、日、月、年等为单位的特征值，包括最大值、最小值等。如年最大 3 h、6 h、12 h、1 d、3 d 雨量，年最大洪峰，1 d、3 d、7 d 洪量等。

（5）数据展现

提供水文数据的不同形式的展现方式，包括水文过程线、数据列表、雨量过程线，形式包括曲线、柱状图、饼图、列表等，支持不同时段的对比，显示相关的特征值数据（线）等。

（6）GIS 服务

水文数据在 GIS 中的显示及分析功能，包括河流显示、测站显示、空间插值、等值线绘制、渲染图绘制、站点控制面积计算、距离量算、面积计算、坡降计算、体积容积计算、拓扑关系分析等。

2. 雨量数据服务

（1）面雨量计算

根据站点观测雨量，提供多种面雨量计算方法，可对不同降雨历时面雨量进行计算，如算术平均、泰森多边形、格网插值法、自定权重法等方法。

（2）降雨距平分析

计算各测站统计时段的雨量距平值，并绘制雨量距平等值线。

（3）连续无雨日计算

利用测站雨量数据，计算连续无雨的天数。

（4）暴雨分析

利用区域范围内的雨量站降雨数据，分析计算暴雨中心位置、移动路线等。

（5）短历时暴雨重现期计算

利用全国（省、市、区）暴雨统计参数计算测站短历时雨量的重现期。

3. 水位、流量数据服务

（1）水位流量转换

利用水位—流量关系曲线，将水位过程（流量过程）转换为流量过程（水位过程）。

（2）流量计算

①流速指标流量

在某些测站，由于存在变动回水，不能利用水位与流量之间的关系，从单值水位计算流量。在这些测站，对河流的某一处或沿一条或多条航道连续检测和记录流速，可提供该河流的平均流速指标。功能包括流速指标测点的流量计算、转换值计算和分配、单值计算、日平均值和标定流速值计算。

②堰、闸、电站等水工建筑物流量

有些河流测站位于堰、闸、水电站和抽水泵站等水工建筑物附近，可利用这些水工建筑物计算流量。功能包括水工建筑物控制率定转换值的计算、流量计算。

③涵洞泄流

计算涵洞泄流流量，包括入水口为临界深度、出水口为临界深度、全程缓流、淹没式出水口、入水口为湍流、出水口为自由式泄流等形式的涵洞。

（3）流量（水位）频率计算

利用测站的流量（水位）统计参数，计算实时流量（水位）的重现期。

（4）洪水水面线

根据河流各测站的实时水位，绘制洪水水面线。

（5）断面水量计算

计算测站断面实时水量，包括日、周、月、季、年等统计时段。

（6）年水量计算

利用测站的雨量、流量，计算全国、各流域或水系、各省（自治区、直辖市）的年降水总量、地表水资源量。

（7）出入境水量计算

根据行政区界断面的流量数据，计算各时段内的出入境水量。

（8）历史同期比较

绘制测站历史同期水位、流量过程线，进行比较分析。要求历史水位、流量过程线可左右移动。

（9）水位—流量关系曲线修正

点绘河道站实测水位、流量关系点据，自动拟合水位—流量关系曲线，给出方程式，辅助修正河道站水位—流量关系曲线。

4. 土壤墒情数据服务

（1）土壤墒情等值线

利用墒情站土壤含水量实测数据，绘制区域土壤墒情等值线。

（2）土壤含水量距平分析

计算各测站统计时段的土壤含水量距平值，并绘制土壤含水量距平等值线。

5. 泥沙计算服务

（1）断面平均含沙量计算

用户根据实验分析结果进行分类，然后选择合适的样本进行断面平均含沙量的计算。包括计算断面平均含沙量、标识特定的单个含沙量值。

（2）悬移质含量系数计算

根据断面含沙量数据计算断面平均含沙系数。

（3）悬移质日平均含沙量

计算绘制综合悬移质含沙量曲线。

（4）输沙率计算

包括悬移质的输沙量、推移质输沙量、标记推移质输沙量、总输沙量、经验输沙量。

6. 设计洪水计算服务

（1）水文频率计算

根据雨量、径流等系列数据，利用基础服务统计计算雨量、径流特征值系列，对雨量、径流特征系列进行频率分析计算，线型采用 P－Ⅲ 型分布，分析方法包括矩法、准则适线法、目估适线法等，输出统计参数及设计值。

（2）设计洪水计算

利用统计参数和典型洪水过程计算设计洪水过程线，放大方法包括同倍比法和同频率法，同频率放大时自动平滑结合部分。

（3）暴雨点面关系分析

点绘点雨量和区域不同面积的面雨量点据，自动拟合曲线，辅助分析区域暴雨点面关系。

（4）暴雨时程分布分析

选择区域历史上比较大的暴雨过程，标准化后按雨峰对齐，统计各时段的平均雨量，输出区域暴雨时程分布。

第四节　信息共享平台

水文信息共享平台是提供全国水文水资源资料共享的公益性网站，由一个主节点（水利部水利信息中心）和分布在各流域机构水文局、各省份水文局的若干个分节点网站组成。

一、平台总体架构

根据国家水文数据库的建设目标和要求，数据库共享服务平台采用基于面向服务的体系结构（Service-Oriented Architecture，SOA）的分布式应用框架和 B/S 结构，在充分利用现有系统资源的基础上，将各类水文业务系统封装为服务，借助企业服务总线（ESB），保证国家水文数据库与现有水利业务系统间的无缝集成与高效整合，并为各类业务应用提供高效、便捷的水文数据服务与应用支撑。

根据 SOA 模型设计规范，共享服务平台各功能模块被设计和实现为一组相互交互的服务，不同功能（服务）通过这些服务之间定义良好的接口和契约联系起来，使得构建在系统中的服务可以以一种统一和通用的方法进行调用。共享服务平台采用多层 B/S 软件体系结构，系统从服务器端到客户端分为数据库层、数据操作及事务管理层、中间件层、Web 组件层、浏览器，其中中间件层又分为实体层和会话层。

水文数据库共享服务平台主要包含数据管理系统和应用服务系统两大部分。数据管理系统面向数据生产部门，提供数据校核与录入、数据质量检查与评价、目录管理、数据汇交、数据查询与输出、数据备份与恢复等功能。应用服务系统面向社会公众及领域专家，为公众提供基础信息查询与信息发布服务；为防汛抗旱、水资源管理、农村水利建设、水土保持及其他各类涉水工程专业人员提供由通用算法、通用功能模块、水文 GIS 专题模块等有机构成的，且可定制的专业应用服务。

为了提高应用系统的灵活性、可重用性、高可靠性及使用的方便性，整个共享服务平台分层实现。共享服务平台按其逻辑结构可划分为应用支撑层、功能模块层、服务门户层。各功能模块基于应用支撑平台开发建设，并可定制为具有云服务特性的门户系统，如数据管理服务门户系统、社会公众服务门户系统、专业应用服务门户系统等，包括防汛抗旱、水资源管理、农村水利建设、水土保持、涉水工程的规划设计等专业门户系统。

二、平台功能结构

水文信息共享平台每个分中心的共享系统从横向功能上都分为两大部分，即用户功能体系和系统管理功能体系，分别对应于前台共享服务系统和后台管理系统。

前台共享服务系统面向用户，是生产者数据交汇、使用者获取数据的服务平台，主要功能包括用户注册登录、目录服务、元数据汇交、元数据查询、数据浏览、数据下载，以及信息服务等功能。

后台管理系统面向管理员，为他们提供用户及级别管理、权限管理、元数据审查发布、元数据及数据体管理、日志管理、统计分析，以及信息服务管理等功能。

三、信息共享服务体系

水文信息共享平台服务是一种分布式数据库系统、以数据共享标准规范为依据、通过分布式网络平台，向用户提供数据内容服务、信息服务的网络服务体系。服务体系主要是通过分布式网络平台所提供的数据检索系统、数据发布系统、用户行为分析系统和用户意见反馈系统来实现。

（一）服务方式

水文信息共享平台服务主要分为以下两种方式：

1. 在线服务方式

通过数据检索系统来实现用户数据需求的服务方式。在用户查询到所需数据的元数据信息后，可以分为不同方式对数据实体进行浏览、下载。

2. 离线服务方式

为科学研究、教学等提供服务。其特点是数据量要求大。必须根据用户不同的要求进行提取、转换、整理形成产品，采用电子邮件、直接复制等方式提供。

（二）服务内容

1. 内容服务

包括基于元数据的内容服务、基于用户信息的内容服务以及其他方式的服务。基于元数据的内容服务是通过数据检索系统查询元数据，再根据元数据中的核心元素将用户所需要的数据内容信息以动态方式展示给用户。基于用户信息的内容服务主要是从用户反馈信息中获取用户需求，再根据用户需求信息进行数据内容服务。

2. 信息和知识服务

通过元数据信息和门户网站发布的相关信息，向用户提供水文水资源科学相关信息和知识服务。

第六章 水资源管理

水资源是生命之源，是实现经济社会可持续发展的重要保证，现在世界各国在经济社会发展中都面临着水资源短缺、水污染和洪涝灾害等各种水问题，水问题对人类生存发展的威胁越来越大，因此，必须加强对水资源的管理，进行水资源的合理分配和优化调度，提高水资源开发利用水平和保护水资源的能力，保障经济社会的可持续发展。

第一节　水资源管理概述

一、水资源管理的含义

水资源管理是水资源开发利用的组织、协调、监督和调度。运用行政、法律、经济、技术和教育等手段，组织各种社会力量开发水利和防治水害；协调社会经济发展与水资源开发利用之间的关系，处理各地区、各部门之间的用水矛盾；监督、限制不合理的开发水资源和危害水源的行为；制订供水系统和水库工程的优化调度方案，科学分配水量。

水资源管理是防止水资源危机，保证人类生活和经济发展的需要，运用行政、技术立法等手段对淡水资源进行管理的措施。水资源管理工作的内容包括调查水量，分析水质，进行合理规划、开发和利用，保护水源，防止水资源衰竭和污染等。同时，也涉及水资源密切相关的工作，如保护森林、草原、水生生物、植树造林、涵养水源、防止水土流失、防止土地盐渍化、沼泽化、沙化等。

二、水资源管理的目标

水资源管理的最终目标是使有限的水资源创造最大的社会经济效益和生态环境效益，实现水资源的可持续利用和促进经济社会的可持续发展。《中国 21 世纪议程》中对水资源管理的总要求是：水量与水质并重，资源和环境管理一体化。水资源管理的基本目标如下：

（一）　形成能够高效利用水的节水型社会

在对水资源的需求有新发展的形势下，必须把水资源作为关系到社会兴衰的重要因素来对待，并根据中国水资源的特点，厉行计划用水和节约用水，大力保护并改善天然水质。

（二）　建设稳定、可靠的城乡供水体系

在节水战略指导下，预测社会需水量的增长率将保持或略高于人口的增长率。在人口达到高峰以后，随着科学技术的进步，需水增长率将相对也有所降低。并按照这个趋势制订相应计划以求解决各个时期的水供需平衡，提高枯水期的供水安全度，及对于特殊干旱的相应对策等，并定期修正计划。

（三）　建立综合性防洪安全的社会保障制度

由于人口的增长和经济的发展，如再遇洪水，给社会经济造成的损失将比过去加重很多。在中国的自然条件下江河洪水的威胁将长期存在。因此，要建立综合性防洪安全的社会保障体制，以有效地保护社会安全、经济繁荣和人民生命财产安全，以求在发生特大洪水情况下，不致影响社会经济发展的全局。

（四）　加强水环境系统的建设和管理，建成国家水环境监测网

水是维系经济和生态系统的最大关键性要素。通过建设国家和地方水环境监测网和信息网，掌握水环境质量状况，努力控制水污染发展的趋势，加强水资源保护，实行水量与水质并重、资源与环境一体化管理，以应付缺水与水污染的挑战。

三、水资源管理的原则

水资源管理要遵循以下原则：

（一）　维护生态环境，实施可持续发展战略

生态环境是人类生存、生产与生活的基本条件，而水是生态环境中不可缺少的组成要素之一。在对水资源进行开发利用与管理保护时，应把维护生态环境的良性循环放到突出位置，才可能为实施水资源可持续利用，保障人类和经济社会的可持续发展战略奠定坚实的基础。

（二）地表水与地下水、水量与水质实行统一规划调度

地球上的水资源分为地表水资源与地下水资源，而且地表水资源与地下水资源之间存在一定关系，联合调度、统一配置和管理地表水资源和地下水资源，可以提高水资源的利用效率。水资源的水量与水质既是一组不同的概念，又是一组相辅相成的概念，水质的好坏会影响水资源量的多少，人们谈及水资源量的多少时，往往是指能够满足不同用水要求的水资源量，水污染的发生会减少水资源的可利用量；水资源的水量多少会影响水资源的水质。将同样量的污物排入不同水量的水体，由于水体的自净作用，水体的水质会产生不同程度的变化。在制订水资源开发利用规划时，水资源的水量与水质也需统一考虑。

（三）加强水资源统一管理

水资源的统一管理包括水资源应当按流域与区域相结合，实行统一规划、统一调度，建立权威、高效、协调的水资源管理体制；调蓄径流和分配水量，应当兼顾上下游和左右岸用水、航运、竹木流放、渔业和保护生态环境的需要；统一发放取水许可证与统一征收水资源费，取水许可证和水资源费体现了国家对水资源的权属管理、水资源配置规划和水资源有偿使用制度的管理；实施水务纵向一体化管理是水资源管理的改革方向，建立城乡水源统筹规划调配，从供水、用水、排水，到节约用水、污水处理及再利用、水源保护的全过程管理体制，以把水源开发、利用、治理、配置、节约、保护有机地结合起来，实现水资源管理在空间与时间的统一、水质与水量的统一、开发与治理的统一、节约与保护的统一，达到开发利用和管理保护水资源的最佳经济、社会、环境效益的结合。

（四）保障人民生活和生态环境基本用水，统筹兼顾其他用水

水资源的用途主要有农业用水、工业用水、生活用水、生态环境用水、发电用水、航运用水、旅游用水、养殖用水等。开发、利用水资源，应当首先满足城乡居民生活用水，并兼顾农业、工业、生态环境用水及航运等需要。在干旱和半干旱地区开发、利用水资源，应当充分考虑生态环境用水需要。

（五）坚持开源节流并重、节流优先治污为本的原则

我国水资源总量虽然相对丰富，但人均拥有量少，而在水资源的开发利用过程中，又面临着水污染和水资源浪费等水问题，严重影响水资源的可持续利用。因此，进行水资源管理时，坚持开源节流并重，以及节流优先治污为本的原则，才能实现水资源的可持续

利用。

（六）坚持按市场经济规律办事，发挥市场机制对促进水资源管理的重要作用

水资源管理中的水资源费和水费经济制度，以及"谁耗费水量谁补偿、谁污染水质谁补偿、谁破坏生态环境谁补偿"的补偿机制，确立全成本水价体系的定价机制和运行机制，水资源使用权和排水权的市场交易运作机制和规则等，都应在政府宏观监督管理下，运用市场机制和社会机制的规则，管理水资源，发挥市场调节在配置水资源和促进合理用水、节约用水中的作用。

（七）坚持依法治水的原则

进行水资源管理时，必须严格遵守相关的法律法规和规章制度，如《中华人民共和国水法》《中华人民共和国水污染防治法》《中华人民共和国水土保持法》和《中华人民共和国环境保护法》等。

（八）坚持水资源属于国家所有的原则

《中华人民共和国水法》规定水资源属于国家所有，水资源的所有权由国务院代表国家行使，这从根本上确立了我国的水资源所有权原则。坚持水资源属于国家所有，是进行水资源管理的基本点。

（九）坚持公众参与和民主决策的原则

水资源的所有权属于国家，任何单位和个人引水、截（蓄）水、排水，不得损害公共利益和他人的合法权益，这使得水资源具有公共性的特点，成为社会的共同财富，任何单位和个人都有享受水资源的权利。因此，公共参与和民主决策是实施水资源管理工作时需要坚持的一个原则。

四、水资源管理的内容

水资源管理是一项复杂的水事行为，涉及的内容很多，综合国内外学者的研究，水资源管理主要包括水资源水量与质量管理、水资源法律管理、水资源水权管理、水资源行政管理、水资源规划管理、水资源合理配置管理、水资源经济管理、水资源投资管理、水资源统一管理、水资源管理的信息化、水灾害防治管理、水资源宣传教育、水资源安全管理等。

（一）水资源水量与质量管理

水资源水量与质量管理是水资源管理的基本组成内容之一，水资源水量与质量管理包括水资源水量管理、水资源质量管理，以及水资源水量与水资源质量的综合管理。

（二）水资源法律管理

法律是国家制定或认可的，由国家强制力保证实施的行为规范，以规定当事人权利和义务为内容的具有普遍约束力的社会规范。法律是国家和人民利益的体现和保障。水资源法律管理是通过法律手段强制性管理水资源行为。水资源的法律管理是实现水资源价值和可持续利用的有效手段。

（三）水资源水权管理

水资源水权是指水的所有权、开发权、使用权，以及与水开发利用有关的各种用水权利的总称。水资源水权是调节个人之间、地区与部门之间，以及个人、集体与国家之间使用水资源及相邻资源的一种权益界定的规则。

（四）水资源行政管理

水资源行政管理是指与水资源相关的各类行政管理部门及其派出机构，在宪法和其他相关法律、法规的规定范围内，对于与水资源有关的各种社会公共事务进行的管理活动，不包括水资源行政组织对内部事务的管理。

（五）水资源规划管理

开发、利用、节约、保护水资源和防治水害，应当按照流域、区域统一制订规划。规划分为流域规划和区域规划，流域规划包括流域综合规划和流域专业规划，区域规划包括区域综合规划和区域专业规划。综合规划是指根据经济社会发展需要和水资源开发利用现状编制的开发、利用、节约、保护水资源和防治水害的总体部署。专业规划是指防洪、治涝、灌溉、航运、供水、水力发电、竹木流放、渔业、水资源保护、水土保持、防沙治沙、节约用水等规划。

（六）水资源合理配置管理

水资源合理配置方式是水资源持续利用的具体体现。水资源配置如何，关系到水资源开发利用的效益、公平原则和资源、环境可持续利用能力的强弱。全国水资源的宏观调配由国务院发展计划主管部门和国务院水行政主管部门负责。

（七）水资源经济管理

水资源是有价值的，水资源经济管理是通过经济手段对水资源利用进行调节和干预。水资源经济管理是水资源管理的重要组成部分，有助于提高社会和民众的节水意识和环境意识，对于遏止水环境恶化和缓解水资源危机具有重要作用，是实现水资源可持续利用的重要经济手段。

（八）水资源投资管理

为维护水资源的可持续利用，必须保证水资源的投资。此外，在水资源投资面临短缺时，如何提高水资源的投资效益也是非常重要的。

（九）水资源统一管理

对水资源进行统一管理，实现水资源管理在空间与时间的统一、质与量的统一、开发与治理的统一、节约与保护的统一，为实施水资源的可持续利用提供基本支撑条件。

（十）水资源管理的信息化

水资源管理是一项复杂的水事行为，需要收集和处理大量的信息，在复杂的信息中又需要及时得到处理结果，提出合理的管理方案，使用传统的方法很难达到这一要求。基于现代信息技术，建立水资源管理信息系统，能显著提高水资源的管理水平。

（十一）水灾害防治管理

水灾害是影响我国最广泛的自然灾害，也是我国经济建设、社会稳定敏感度最大的自然灾害。危害最大、范围最广、持续时间较长的水灾害有干旱、洪水、涝渍、风暴潮、灾害性海浪、泥石流、水生态环境灾害。

（十二）水资源宣传教育

通过书刊、报纸、电视、讲座等多种形式与途径，向公众宣传有关水资源信息和业务准则，提高公众对水资源的认识，同时，搭建不同形式的公众参与平台，提高公众对水资源管理的参与意识，为实施水资源的可持续利用奠定广泛与坚实的群众基础。

（十三）水资源安全管理

水资源安全是水资源管理的最终目标。水资源是人类赖以生存和发展的不可缺少的一种宝贵资源，也是自然环境的重要组成部分，因此，水资源安全是人类生存与社会可持续发展的基础条件。

第二节　水资源水量及水质管理

一、水资源水量管理

（一）水资源总量

水资源总量是地表水资源量和地下水资源量两者之和，这个总量应是扣除地表水与地下水重复量之后的地表水资源和地下水资源天然补给量的总和。由于地表水和地下水相互联系和相互转化，故在计算水资源总量时，需将地表水与地下水相互转化的重复水量扣除。水资源总量的计算公式为：

$$W = R + Q - D$$

$$(6-1)$$

式中，W 为水资源总量，R 为地表水资源量，Q 为地下水资源量，D 为地表水与地下水相互转化的重复水量。

水资源总量中可能被消耗利用的部分称为水资源可利用量，包括地表水资源可利用量和地下水资源可利用量。水资源可利用量是指在可预见的时期内，在统筹考虑生活、生产和生态环境用水的基础上，通过经济合理、技术可行的措施，在当地水资源中可一次性利用的最大水量。

（二）水资源供需平衡管理

水是基础性的自然资源和战略性的经济资源，是生态环境的控制性要素。水资源的可持续利用，是城市乃至国家经济社会可持续发展极为重要的保证，也是维护人类环境的极为重要的保证。我国人均、平方米均占有水资源量少，水资源时空分布极为不均匀。特别是西北干旱、半干旱区，水资源是制约当地社会经济发展和生态环境改善的主要因素。

1. 水资源供需平衡分析的意义

城市水资源供需平衡分析是指在一定范围内（行政、经济区域或流域）不同时期的可供水量和需水量的供求关系分析。其目的一是通过可供水量和需水量的分析，弄清楚水资源总量的供需现状和存在的问题；二是通过不同时期、不同部门的供需平衡分析，预测未来水资源余缺的时空分布；三是针对水资源供需矛盾，进行开源节流的总体规划，明确水资源综合开发利用保护的主要目标和方向，以实现水资源的长期供求计划。因此，水资源供需平衡分析是国家和地方政府制订社会经济发展计划和保护生态环境必须进行的行动，也是进行水源工程和节水工程建设，加强水资源、水质和水生态系统保护的重要依据。开展此项工作，有助于使水资源的开发利用获得最大的经济、社会和环境效益，满足社会经济发展对水量和水质日益增长的要求，同时在维护资源的自然功能，以及维护和改善生态环境的前提下，实现社会经济的可持续发展，使水资源承载力、水环境承载力相协调。

2. 水资源供需平衡分析的原则

水资源供需平衡分析涉及社会、经济、环境生态等方面，不管是从可供水量还是需水量方面分析，牵涉面广且关系复杂。因此，水资源供需平衡分析必须遵循以下原则：

（1）长期与近期相结合原则

水资源供需平衡分析实质上就是对水的供给和需求进行平衡计算。水资源的供与需不仅受自然条件的影响，更重要的是受人类活动的影响。在社会不断发展的今天，人类活动对供需关系的影响已经成为基本的因素，而这种影响又随着经济条件的不断改善而发生阶段性的变化。因此，在进行水资源供需平衡分析时，必须有中长期的规划，做到未雨绸缪，不能临渴掘井。

在对水资源供需平衡做具体分析时，根据长期与近期原则，可以分成几个分析阶段：①现状水资源供需分析，即对近几年来本地区水资源实际供水、需水的平衡情况，以及在现有水资源设施和各部门需水的水平下，对本地区水资源的供需平衡情况进行分析；②今后5年内水资源供需分析，它是在现状水资源供需分析的基础上结合国民经济五年计划对供水与需求的变化情况进行供需分析；③今后10年或20年内水资源供需分析，这项工作必须紧密结合本地区的长远规划来考虑，同样也是本地区国民经济远景规划的组成部分。

（2）宏观与微观相结合原则

即大区域与小区域相结合，单一水源与多个水源相结合，单一用水部门与多个用水部门相结合。水资源具有区域分布不均匀的特点，在进行全省或全市（县）的水资源供需平衡分析时，往往以整个区域内的平衡值来计算，这就势必造成全局与局部矛盾。大区域内水资源平衡了，各小区域内可能有亏有盈。因此，在进行大区域的水资源供需平衡分析后，还必须进行小区域的供需平衡分析，只有这样才能反映各小区域的真实情况，从而提出切实可行的措施。

在进行水资源供需平衡分析时，除了对单一水源地（如水库、河闸和机井群）的供需平衡加以分析外，更应重视对多个水源地联合起来的供需平衡进行分析，这样可以最大限度地发挥各水源地的调解能力和提高供水保证率。

由于各用水部门对水资源的量与质的要求不同，对供水时间的要求也相差较大，因此在实践中许多水源是可以重复交叉使用的。例如，内河航运与养鱼、环境用水相结合，城市河湖用水、环境用水和工业冷却水相结合等。一个地区水资源利用得是否科学，重复用水量是一个很重要的指标。因此，在进行水资源供需平衡分析时，除考虑单一用水部门的特殊需要外，本地区各用水部门应综合起来统一考虑，否则往往会造成很大的损失。这对一个地区的供水部门尚未确定安置地点的情况尤为重要。这项工作完成后可以提出哪些部门设在上游、哪些部门设在下游，或哪些部门可以放在一起等合理的建议，为将来水资源合理调度创造条件。

（3）科技、经济、社会三位一体统一考虑原则

对现状或未来水资源供需平衡的分析都涉及技术和经济方面的问题、行业间的矛盾，以及省市之间的矛盾等社会问题。在解决实际的水资源供需不平衡的许多措施中，被采用的可能是技术上合理，而经济上并不一定合理的措施；也可能是矛盾最小，但技术与经济上都不合理的措施。因此，在进行水资源供需平衡分析时，应统一考虑以下三种因素，即社会矛盾最小、技术与经济都较合理，并且综合起来最为合理（对某一因素而言并不一定是最合理的）。

（4）水循环系统综合考虑原则

水循环系统指的是人类利用天然的水资源时所形成的社会循环系统。人类开发利用水资源经历三个系统：供水系统、用水系统、排水系统。这三个系统彼此联系、相互制约。从水源地取水，经过城市供水系统净化，提升至用水系统；经过使用后，受到某种程度的污染流入城市排水系统；经过污水处理厂处理后，一部分退至下游，一部分达到再生水回用的标准重新返回到供水系统中，或回到用户再利用，从而形成了水的社会循环。

3. 水资源供需平衡分析的方法

水资源供需平衡分析必须根据一定的雨情、水情来进行，主要有两种分析方法：一种为系列法，一种为典型年法（或称代表年法）。系列法是按雨情、水情的历史系列资料进行逐年的供需平衡分析计算；而典型年法仅是根据具有代表性的几个不同年份的雨情、水

情进行分析计算，而不必逐年计算。这里必须强调，不管采用何种分析方法，所采用的基础数据（如水文系列资料、水文地质的有关参数等）的质量至关重要，其将直接影响到供需分析成果的合理性和实用性。下面介绍两种方法：一种叫典型年法，另一种叫水资源系统动态模拟法（系列法的一种）。在了解两种分析方法之前，首先介绍一下供水量和需水量的计算与预测。

（1）供水量的计算与预测

可供水量是指不同水平年、不同保证率或不同频率条件下通过工程设施可提供的符合一定标准的水量，包括区域内的地表水、地下水、外流域的调水，污水处理回用和海水利用等。它有别于工程实际的供水量，也有别于工程最大的供水能力，不同水平年意味着计算可供水量时，要考虑现状近期和远景的几种发展水平的情况，是一种假设的来水条件。不同保证率或不同频率条件表示计算可供水量时，要考虑丰、平、枯几种不同的来水情况，保证率是指工程供水的保证程度（或破坏程度），可以通过系列调算法进行计算得。频率一般表示来水的情况，在计算可供水量时，既表示要按来水系列选择代表年，也表示应用代表年法来计算可供水量。

可供水量的影响因素：

①来水条件

由于水文现象的随机性，将来的来水是不能预知的，因而将来的可供水量是随不同水平年的来水变化及其年内的时空变化而变化。

②用水条件

由于可供水量有别于天然水资源量，例如只有农业用户的河流引水工程，虽然可以长年引水，但非农业用水季节所引水量则没有用户，不能算为可供水量；又例如河道的冲淤用水、河道的生态用水，都会直接影响到河道外的直接供水的可供水量；河道上游的用水要求也直接影响到下游的可供水量。因此，可供水量是随用水特性、合理用水和节约用水等条件的不同而变化的。

③工程条件

工程条件决定了供水系统的供水能力。现有工程参数的变化、不同的调度运行条件以及不同发展时期新增工程设施，都将决定出不同的供水能力。

④水质条件

可供水量是指符合一定使用标准的水量，不同用户有不同的标准。在供需分析中计算可供水量时要考虑到水质条件。例如，从多沙河流引水，高含沙量河水就不宜引用；高矿化度地下水不宜开采用于灌溉；对于城市的被污染水、废污水在未经处理和论证时也不能算作可供水量。

总之，可供水量不同于天然水资源量，也不等于可利用水资源量。一般情况下，可供水量小于天然水资源量，也小于可利用水源量。对于可供水量，要分类、分工程、分区逐项逐时段计算，最后还要汇总成全区域的总供水量。

另外，需要说明的是所谓的供水保证率是指多年供水过程中，供水得到保证的年数占总年数的百分数，常用下式计算：

$$P = \frac{m}{n + 1} \times 100\%$$

(6-2)

式中，P 为供水保证率，m 为保证正常供水的年数，n 为供水总年数。

在供水规划中，按照供水对象的不同，应规定不同的供水保证率。例如，居民生活供水保证率 $P = 95\%$ 以上，工业用水 $P = 90\%$ 或 95%，农业用水 $P = 50\%$ 或 75%，等等。保证正常供水是指通常按用户性质，能满足其需水量的 $90\% \sim 98\%$（即满足程度），视作正常供水。对供水总年数，通常指统计分析中的样本总数，如所取降雨系列的总年数或系列法供需分析的总年数。根据上述供水保证率的概念，可以得出两种确定供水保证率的方法。

第一，上述的在今后多年供水过程中有保证年数占总供水年数的百分数。今后多年是一个计算系列，在这个系列中，不管哪一个年份，只要有保证的年数足够，就可以达到所需的保证率。

第二，规定某一个年份（例如，2022 年这个水平年），这一年的来水可以是各种各样的。现在把某系列各年的来水都放到 2022 年这一水平年去进行供需分析，计算其供水有保证的年数占系列总年数的百分数，即为 2022 年这一水平年的供水遇到所用系列的来水时的供水保证率。

（2）需水量的计算与预测

①需水量概述

需水量可分为河道内用水和河道外用水两大类。河道内用水包括水力发电、航运、放牧、冲淤、环境、旅游等，主要利用河水的势能和生态功能，基本上不消耗水量或污染水质，属于非耗损性清洁用水。河道外用包括生活需水量、工业需水量、农业需水量、生态环境需水量四种。

生活需水量是指为满足居民高质量生活所需要的用水量，分为城市生活需水量和农村生活需水量。城市生活需水量是供给城市居民生活的用水量，包括居民家庭生活用水和市政公共用水两部分。居民家庭生活用水是指维持日常生活的家庭和个人需水，主要指饮用和洗涤等室内用水；市政公共用水包括饭店、学校、医院、商店、浴池、洗车场、公路冲洗、消防、公用厕所、污水处理厂等用。农村生活需水量可分为农村家庭需水量、家养禽畜需水量等。

工业需水量是指在一定的工业生产水平下，为实现一定的工业生产产品量所需要的用水量。工业需水量分为城市工业需水量和农村工业需水量。城市工业需水量是供给城市工业企业的工业生产用水，一般是指工业企业生产过程中，用于制造、加工、冷却、空调、制造、净化、洗涤和其他方面的用水，也包括工业企业内工作人员的生活用水。

农业需水量是指在一定的灌溉技术条件下供给农业灌溉、保证农业生产产量所需要的用水量，主要取决于农作物品种、耕作与灌溉方法。农业需水量分为种植业需水量、畜牧业需水量、林果业需水量和渔业需水量。

生态环境需水量是指为达到某种生态水平，并维持这种生态系统平衡所需要的用水量。

生态环境需水量由生态需水量和环境需水量两部分构成。生态需水量是达到某种生态水平或者维持某种生态系统平衡所需要的水量，包括维持天然植被所需水量、水土保持及水保范围外的林草植被建设所需水量以及保护水生物所需水量；环境需水量是为保护和改善人类居住环境及其水环境所需要的水量，包括改善用水水质所需水量、协调生态环境所需水量、回补地下水量、美化环境所需水量及休闲旅游所需水量。

②用水定额

用水定额是用水核算单元规定或核定的使用新鲜水的水量限额，即单位时间内，单位产品、单位面积或人均生活所需要的用水量。用水定额一般可分为生活用水定额、工业用水定额和农业用水定额三部分。核算单元，对于城市生活用水可以是人、床位、面积等，对于城市工业用水可以是某种单位产品、单位产值等，对于农业用水可以是灌溉面积、单位产量等。

用水定额随社会、科技进步和国民经济发展而变化，经济发展水平、地域、城市规模、工业结构、水资源重复利用率、供水条件、水价、生活水平、给排水及卫生设施条件、生活方式等，都是影响用水定额的主要因素。如生活用水定额随社会的发展、文化水平提高而逐渐提高。通常住房条件较好、给排水设备较完善、居民生活水平相对较高的大城市，生活用水定额也较高。而工业用水定额和农业用水定额因科技进步而逐渐降低。

用水定额是计算与预测需水量的基础，需水量计算与预测的结果正确与否，与用水定额的选择有极大的关系，应该根据节水水平和社会经济的发展，通过综合分析和比较，确

定适应地区水资源状况和社会经济特点的合理用水定额。

③城市生活需水量预测

随着经济与城市化进程发展，我国用水人口相应增加，城市居民生活水平不断提高，公共市政设施范围不断扩大与完善，用水量不断增加。影响城市生活需水量的因素很多，如城市的规模、人口数量、所处的地域、住房面积、生活水平、卫生条件、市政公共设施、水资源条件等，其中最主要的影响因素是人口数量和人均用水定额。

由于不同行业或同一行业的不同产品、不同生产工艺之间的万元产值取水量相差很大，因此确定万元产值需水量指标非常困难。

④农业需水量计算与预测

农业用水主要包括农业灌溉、林牧灌溉、渔业用水及农村居民生活用水，农村工业企业用水等。与城市工业和生活用水相比，具有面广量大、一次性消耗的特点，而且受气候的影响较大，同时，也受作物的组成和生长期的影响。农业灌溉用水是农业用水的主要部分，约占90%以上，所以农业需水量可主要计算农业灌溉需水量。农业灌溉用水的保证率要低于城市工业用水和生活用水的保证率。因此，当水资源短缺时，一般要减少农业用水以保证城市工业用水和生活用水的需要。区域水资源供需平衡分析研究所关心的是区域的农业用水现状和对未来不同水平年、不同保证率需水量的预测，因为它的大小和时空分布极大地影响到区域水资源的供需平衡。

⑤生态环境需水量计算

生态环境需水量的计算方法分为水文学和生态学两类方法。水文学方法主要关注最小流量的保持，生态学方法主要基于生态管理的目标。这里以河道为例，介绍生态环境需水量的计算方法。

河道环境需水量是为保护和改善河流水体水质，为维持河流水沙平衡、水盐平衡及维持河口地区生态环境平衡所需要的水量。河道最小环境需水量是为维系和保护河流的最基本环境功能不受破坏，所以必须在河道内保留的最小水量，理论上由河流的基流量组成。

a. 河道生态环境需水量计算

国内外对河流生态环境需水量的计算主要有标准流量法、水力学法、栖息地法等方法，其中标准流量法包括7Q10法和Tennant法。7Q10法采用90%保证率、连续7天最枯的平均水量作为河流的最小流量设计值；Tennant法以预先确定的年平均流量的百分数为基础，通常作为在优先度不高的河段研究时使用。我国一般采用的方法有10年最枯月平均流量法，即采用近10年最枯月平均流量或90%保证率河流最枯月平均流量作为河流的生态环境需水量。

b. 河道基本环境需水量

根据系列水文统计资料，在不同的月（年）保证率前提下，以不同的天然径流量百分比作为河道环境需水量的等级，分别计算不同保证率、不同等级下的月（年）河道基本环境需水量，并以计算出的河道基本环境需水量作为约束条件，计算相应于不同水质目标的污染物排放量及废水排放量，以满足河流的纳污能力。

按照上述原则，即可对河道生态环境用水进行评价。以地表水供水量与地表水资源量为指标，将地表水供水量看作河道外经济用水，地表水资源总量即天然径流量，则天然径流量与经济用水之差就是当年的河道生态环境用水。

（3）水资源供需平衡分析

①典型年法的含义

典型年（又称代表年）法，是指对某一范围的水资源供需关系，只进行典型年份平衡分析计算的方法。其优点是可以克服资料不全（系列资料难以取得时）及计算工作量太大的问题。首先，根据需要来选择不同频率的若干典型年。我国规范规定：平水年频率 $P = 50\%$，一般枯水年频率 $P = 75\%$，特别枯水年频率 $P = 90\%$（或 95%）。在进行区域水资源供需平衡分析时，北方干旱和半干旱地区一般要对 $P = 50\%$ 和 $P = 75\%$ 两种代表年的水供需进行分析；而在南方湿润地区，一般要对 $P = 50\%$、$P = 75\%$ 和 $P = 90\%$（或 95%）三种代表年的水供需进行分析。实际上，选哪几种代表年，要根据水供需的目的来确定，可不必拘泥于上述的情况。如北方干旱缺水地区，若想通过水供需分析来寻求特枯年份的水供需对策措施则必须对 $P = 90\%$（或 95%）代表年进行水供需分析。

②计算分区和时段划分

水资源供需分析，就某一区域来说，其可供水量和需水量在地区上和时间上分布都是不均匀的。如果不考虑这些差别，在大尺度的时间和空间内进行平均计算，往往使供需矛盾不能充分暴露出来，那么其计算结果不能反映实际的状况，这样的供需分析不能起到指导作用。所以，必须进行分区和确定计算时段。

a. 区域划分

分区进行水资源供需分析研究，便于弄清水资源供需平衡要素在各地区之间的差异，以便针对不同地区的特点采取不同的措施和对策。另外，将大区域划分成若干个小区后，可以使计算分析得到相应的简化，便于研究工作的开展。

在分区时一般应考虑以下原则：

第一，尽量按流域、水系划分，对地下水开采区应尽量按同一水文地质单元划分。

第二，尽量照顾行政区划的完整性，便于资料的收集和统计，更有利于水资源的开发利用和保护的决策和管理。

第三，尽量不打乱供水、用水、排水系统。

分区的方法是应逐级划分，即把要研究的区域划分成若干个一级区，每一个一级区又划分为若干个二级区。依此类推，最后一级区称为计算单元。分区面积的大小应根据需要和实际的情况而定。分区过大，往往会掩盖水资源在地区分布的差异性，无法反映供需的真实情况；而分区过小，不仅增加计算工作量，而且同样会使供需平衡分析结果反映不了客观情况。因此，在实际的工作中，在供需矛盾比较突出的地方，或工农业发达的地方，分区宜小。对于不同的地貌单元（如山区和平原）或不同类型的行政单元（如城镇和农村），宜划为不同的计算区。对于重要的水利枢纽所控制的范围，应专门划出进行研究。

b. 时段划分

时段划分也是供需平衡分析中一项基本的工作，目前，分别采用年、季、月和日等不同的时段。从原则上讲，时段划分得越小越好，但实践表明，时段的划分也受各种因素的影响，究竟按哪一种时段划分最好，应对各种不同情况加以综合考虑。

由于城市水资源供需矛盾普遍尖锐，管理运行部门为了最大限度地满足各地区的需水要求，将供水不足所造成的损失压缩到最低限度，需要紧密结合需水部门的生产情况，实行科学供水。同时，也需要供水部门实行准确计量，合理收费。因此，供水部门和需水部门都要求把计算时段分得小一些，一般以旬、日为单位进行供需平衡分析。

在做水资源规划（流域水资源规划、地区水资源规划、供水系统水资源规划）时，应着重方案的多样性，而不宜对某一具体方案做得过细，所以在这个阶段，计算时段一般不宜太小，以"年"为单位即可。

对于无水库调节的地表水供水系统，特别是北方干旱、半干旱地区，由于来水年内变化很大，枯水季节水量比较稳定，在选取时段时，枯水季节可以选得长些，而丰水季节应短些。如果分析的对象是全市或与本市有关的外围区域，由于其范围大、情况复杂，分析时段一般以年为单位，若取小了，不仅加大工作量，而且也因资料差别较大而无法提高精度。如果分析对象是一个卫星城镇或一个供水系统，范围不大，则应尽量将时段选得小些。

③典型年和水平年的确定

a. 典型年来水量的选择及分布

典型年的来水需要用统计方法推求。首先根据各分区的具体情况来选择控制站，以控制站的实际来水系列进行频率计算，选择符合某一设计频率的实际典型年份，然后求出该典型年的来水总量。可以选择年天然径流系列或年降雨量系列进行频率分析计算。如北方干旱半干旱地区，降雨较少，供水主要靠径流调节，则常用年径流系列来选择典型年。南方湿润地区，降雨较多，缺水既与降雨有关，又与用水季节径流调节分配有关，故可以有多种的系列选择。例如，在西北内陆地区，农业灌溉取决于径流调节，故多采用年径流系列来选择代表年，而在南方地区农作物一年三熟，全年灌溉，降雨量对灌溉用水影响很大，故常用年降雨量系列来选择典型年。至于降雨的年内分配，一般是挑选年降雨量接近典型年的实际资料进行缩放分配。

典型年来水量的分布常采用的一种方法是按实际典型年的来水量进行分配，但地区内降雨、径流的时空分配受所选择典型年所支配，具有一定的偶然性，为了克服这种偶然性，通常选用频率相近的若干个实际年份进行分析计算，并从中选出对供需平衡偏于不利的情况进行分配。

b. 水平年

水资源供需分析是要弄清研究区域现状和未来的几个阶段的水资源供需状况，这几个阶段的水资源供需状况与区域的国民经济和社会发展有密切关系，并应与该区域的可持续发展的总目标相协调。一般情况下，需要研究分析四个发展阶段的供需情况，即所谓的四个水平年的情况，分别为现状水平年（又称基准年，系指现状情况以该年为标准）、近期水平年（基准年以后5年或10年）、远景水平（基准年以后15年或20年）、远景设想水平年（基准年以后30~50年）。一个地区的水资源供需平衡分析究竟取几个水平年，应根据有关规定或当地具体条件以及供需分析的目的而定，一般可取前三个水平年即现状、近期、远景水平年进行分析。对于重要的区域多取远景水平年，而资料条件差的一般地区，也有只取两个水平年的。当资料条件允许而又需要时，也应进行远景设想水平年的供需分析的工作，如长江、黄河等七大流域为配合国家中长期的社会经济可持续发展规划，原则上都要进行四种阶段的供需分析。

④水资源供需平衡分析动态模拟分析法

a. 水资源系统

一个区域的水资源供需系统可以看成是由供水、用水、蓄水和输水等子系统组成的大系统。供水水源有不同的来水、储水系统，如地面水库、地下水库等，有本区产水和区外来水或调水，而且彼此互相联系、互相影响。用水系统由生活、工业、农业、环境等用水部门组成，输、配水系统既相对独立于以上的两子系统，又起到相互联系的作用。水资源系统可视为由既相互区别又相互制约的各个子系统组成的有机联系的整体，它既考虑到城市的用水，又要考虑到工农业和航运、发电、防洪除涝与改善水环境等方面的用水。水资源系统是一个多用途、多目标的系统，涉及社会、经济和生态环境等多项的效益，因此，仅用传统的方法来进行供需分析和管理规划，是满足不了要求的。应该应用系统分析的方法，通过多层次和整体的模拟模型和规划模型及水资源决策支持系统，进行各个子系统和全区水资源多方案调度，以寻求解决一个区域水资源供需的最佳方案和对策，下面介绍一种水资源供需平衡分析动态模拟的方法。

b. 水资源系统供需平衡的动态模拟分析方法

该方法的主要内容包括以下几方面：

第一，基本资料的调查收集和分析。基本资料是模拟分析的基础，决定了成果的好坏，故要求基本资料准确、完整和系列化。基本资料包括来水系列、区域内的水资源量和质、各部门用水（如城市生活用水、工业用水、农业用水等）、水资源工程资料、有关基本参数资料，如地下含水层水文地质资料、渠系渗漏水库蒸发等），以及相关的国民经济指标的资料等。

第二，水资源系统管理调度。包括水量管理调度（如地表水库群的水调度、地表水和地下水的联合调度、水资源的分配等）、水量水质的控制调度等。

第三，水资源系统的管理规划。通过建立水资源系统模拟来分析现状和不同水平年的各个用水部门（城市生活、工业和农业等）的供需情况（供水保证率和可能出现的缺水状况）；解决各种工程和非工程的水资源供需矛盾的措施，并进行定量分析；对工程经济、社会和环境效益的分析和评价等。

与典型年法相比，水资源供需平衡动态模拟分析方法有以下特点：

第一，该方法不是对某一个别的典型年进行分析，而是在较长的时间系列里对一个地区的水资源供需的动态变化进行逐个时段模拟和预测，因此可以综合考虑水资源系统中各因素随时间变化及随机性而引起的供需的动态变化。例如，当最小计算时段选择为天，则既能反映水均衡在年际的变化，又能反映在年内的动态变化。

第二，该方法不仅可以对整个区域的水资源进行动态模拟分析，而且由于采用不同子区和不同水源（地表水与地下水、本地水资源和外域水资源等）之间的联合调度，能考虑它们之间的相互联系和转化，因此该方法能够反映水在时间上的动态变化，也能够反映地域空间上的水供需的不平衡性。

第三，该方法采用系统分析方法中的模拟方法，仿真性好，能直观形象地模拟复杂的水资源供需关系和管理运行方面的功能，可以按不同调度及优化的方案进行多方案模拟，并可以对不同方案的供水的社会经济和环境效益进行评价分析，便于了解不同时间、不同地区的供需状况及采取对策措施所产生的效果，使得水资源在整个系统中得到合理的利用，这是典型年法不可比的。

第四，模拟模型的建立、检验和运行。由于水资源系统比较复杂，涉及的方面很多，诸如水量和水质、地表水和地下水的联合调度、地表水库的联合调度、本地区和外区水资源的合理调度、各个用水部门的合理配水、污水处理及其再利用等。因此，在这样庞大而又复杂的系统中有许多非线性关系和约束条件在最优化模型中无法解决，而模拟模型具有很好的仿真性能，这些问题在模型中就能得到较好的模拟。但模拟并不能直接解决规划中的最优解问题，而是要给出必要的信息或非劣解集。可能的水供需平衡方案很多，需要决策者来选定。为了使模拟给出的结果接近最优解，往往在模拟中规划好运行方案，或整体采用模拟模型，而局部采用优化模型。也常常将这两种方法结合起来，如区域水资源供需分析中的地面水库调度采用最优化模型，使地表水得到充分的利用，然后对地表水和地下水采用模拟模型联合调度，来实现水资源的合理利用。水资源系统的模拟与分析，一般需要经过模型建立、调节参数检验、运行方案的设计等几个步骤：

第一，模型的建立。

建立模型是水资源系统模拟的前提。建立模型就是要把实际问题概化成一个物理模型，按照一定的规则建立数学方程来描述有关变量间的定量关系。这一步骤包括有关变量的选择，以及确定有关变量间的数学关系。模型只是真实事件的一个近似的表达，并不是完全真实，因此，模型应尽可能地简单，所选择的变量应最能反映其特征。

第二，模型的调参和检验。

模拟就是利用计算机技术来实现或预演某一系统的运行情况。水资源供需平衡分析的动态模拟就是在制订各种运行方案下重现现阶段水资源供需状况和预演今后一段时期水资源供需状况。但是，按设计方案正式运行模型之前，必须对模型中有关的参数进行确定以及对模型进行检验来判定该模型的可行性和正确性。

一个数学模型通常含有称为参数的数学常数，如水文和水文地质参数等。其中有的是通过实测或试验求得的，有的则是参考外地凭经验选取的。有的则是什么资料都没有，往往采用反求参数的方法取得，而这些参数必须用有关的历史数据来确定，这就是所谓的调参计算或称为参数估值。就是对模型实行正运算，先假定参数，算出的结果和实测结果比较，与实测资料吻合就说明所用（或假设的）参数正确。如果一次参数估值不理想，则可以对有关的参数进行调整，直至达到满意为止。若参数估值一直不理想，则必须考虑对模型进行修改，所以参数估值是模型建立的重要一环。

所建的模型是否正确和符合实际，要过检验。检验的一般方法是输入与求参不同的另外一套历史数据，运行模型并输出结果，看其与系统实际记录是否吻合，若能吻合或吻合较好，反映检验的结果具有良好的一致性，说明所建模型具有可行性和正确性，模型的运行结果是可靠的。若和实际资料吻合不好，则要对模型进行修正。

模型与实际吻合好坏的标准，要做具体分析。计算值和实测值在数量上不需要也不可能要求吻合得十分精确。所选择的比较项应既能反映系统特性又有完整的记录，例如有地下水开采地区，可选择实测的地下水位进行比较，比较时不要拘泥于个别观测井个别时段的值，根据实际情况，可选择各分区的平均值进行比较；对高离散型的有关值（如地下水有限元计算结果）可给出地下水位等值线图进行比较。又如，对整个区域而言，可利用地面径流水文站的实测水量和流量的数据，进行水量平衡校核。

在模型检验中，当计算结果和实际不符时，就要对模型进行修正。若发现模型对输入没有响应，比如地下水模型在不同开采的输入条件下，所计算的地下水位没有什么变化，则说明模型不能反映系统的特性，应从模型的结构是否正确、边界条件处理是否得当等方面去分析并加以相应的修正，有时则要重新建模。如果模型对输入有所响应，但是计算值偏离实测值太大，这时也可以从输入量和实际值方面进行检查和分析，总之，检验模型和修正模型是很重要也是很细致的工作。

第三，模型运行方案的设计。

在模拟分析方法中，决策者希望模拟结果能尽量接近最优解，同时，还希望能得到不同方案的有关信息，如高、低指标方案，不同开源节流方案的计算结果等。所以，就要进行不同运行方案的设计。

第四，水资源系统动态模拟分析成果的综合。

水资源供需平衡动态模拟的计算结果应该加以分析整理，即称作成果综合。该方法能得出比典型年法更多的信息，其成果综合的内容虽有相似的地方，但要体现出系列法和动态法的特点。

现状供需分析：现状年的供需分析和典型年法一样，都是用实际供水资料和用水资料进行平衡计算的，可用列表表示。由于模拟输出的信息较多，对现状供需状况可做较详细的分析。例如，各分区的情况、年内各时段的情况及各部门用水情况等。

不同发展时期的供需分析：动态模拟分析计算的结果所对应的时间长度和采用的水文系列长度是一致的。对于宏观决策者来说不一定需要逐年的详细资料，而制订发展计划则需要较为详尽的资料。所以在实际工程中，应根据模拟计算结果，把水资源供需平衡整理成能满足不同需要的成果。结合现状分析，按现有的供水设施和本地水源，并借助于数学模型及计算机高速计算技术，对研究区域进行一次今后不同时的供需模拟计算，通常叫第一次供需平衡分析。通过这次供需平衡分析，可以发现研究区域地面水和地下水的相互联系和转化、区域内不同用水部门用水及各地区用水之间的合理调度，以及由于各种制约条件发生变化而引起的水资源供需的动态变化，并可以预测水资源供需矛盾的发展趋势，揭示供需矛盾在地域上的不平衡性等。然后制订不同的方案，进行第二次供需平衡分析，对研究区水资源动态变化做出更科学的预测和分析。

总之，水资源动态模拟模型可作为水资源动态预测的一种基本工具，根据实际情况的变更、资料的积累及在研究工作深入的基础上加以不断完善，可进行重复演算，长期为研究区域水资源规划和管理服务。

二、水资源水质管理

水体的水质标志着水体的物理（如色度、浊度、臭味等）、化学（无机物和有机物的含量）和生物（细菌、微生物、浮游生物、底栖生物）的特性及其组成的状况。在水文循环过程中，天然水水质会发生一系列复杂的变化，自然界中完全纯净的水是不存在的，水体的水质一方面取决于水体的天然水质，而更加重要的是随着人口和工农业的发展而导致的人为水质水体污染。因此，要对水资源的水质进行管理，通过调查水资源的污染源实行水质监测，进行水质调查和评价，制定有关法规和标准，制订水质规划，等等。水资源水质管理的目标是注意维持地表水和地下水的水质达到国家规定的不同要求标准，特别是保证对饮用水源地不受污染，以及风景游览区和生活区水体不致发生富营养化和变臭。

（一）《地表水环境质量标准》

为贯彻执行《中华人民共和国环境保护法》和《中华人民共和国水污染防治法》，防治水污染，保护地表水水质，保障人体健康，维护良好的生态系统，制定《地表水环境质量标准》。本标准运用于中华人民共和国领域内江河、湖泊、运河、渠道、水库等具有使用功能的地表水水域，具有特定功能的水域，执行相应的专业水质标准。

依据地表水水域环境功能和保护目标，按功能高低依次划分为五类：

Ⅰ类：主要适用于源头水、国家自然保护区。

Ⅱ类：主要适用于集中式生活饮用水水源地一级保护区、珍稀水生生物栖息地、鱼虾类产卵场、仔稚幼鱼的索饵场等。

Ⅲ类：主要适用于集中式生活饮用水水源地二级保护区、鱼虾类越冬场、洄游通道、水产养殖区等渔业水域及游泳区。

Ⅳ类：主要适用于一般工业用水区及人体非直接接触的娱乐用水区。

Ⅴ类：主要适用于农业用水区及一般景观要求水域。

对应地表水上述五类水域功能，将地表水环境质量标准基本项目标准值分为五类，不同功能类别分别执行相应类别的标准值。同一水域兼有多类使用功能的，执行最高功能类别对应的标准。

正确认识我国水资源质量现状，加强对水环境的保护和治理是我国水资源管理工作的一项重要内容。

（二）《地下水质量标准》

为保护和合理开发地下水资源，防止和控制地下水污染，保障人民身体健康，促进经济建设，特制定《地下水质量标准》。本标准是地下水勘查评价、开发利用和监督管理的依据。本标准适用于一般地下水，不适用于地下热水、矿水、盐卤水。

依据我国地下水水质现状、人体健康基准值及地下水质量保护目标，并参照了生活饮用水、工业用水水质要求，将地下水质量划分为五类：

Ⅰ类：主要反映地下水化学组分的天然低背景含量。适用于各种用途。

Ⅱ类：主要反映地下水化学组分的天然背景含量。适用于各种用途。

Ⅲ类：以人体健康基准值为依据。主要适用于集中式生活饮用水及工、农业用水。

Ⅳ类：以农业和工业用水要求为依据。除适用于农业和部分工业用水外，适当处理后可作为生活饮用水。

Ⅴ类：不宜饮用，其他用水可根据使用目的选用。

对应地下水上述五类质量用途，将地下水环境质量标准基本项目标准值分为五类，不同质量类别分别执行相应类别的标准值。

据有关部门统计，我国地下水环境并不乐观，地下水污染问题日趋严重，我国北方丘陵山区及山前平原地区的地下水水质较好，中部平原地区地下水水质较差，滨海地区地下水水质最差，南方大部分地区的地下水水质较好，可直接作为饮用水饮用。

三、水资源水量与水质统一管理

联合国教科文组织和世界气象组织共同制定的《水资源评价活动——国家评价手册》将水资源定义为：可以利用或有可能被利用的水源，具有足够的数量和可用的质量，并能在某一地点为满足某种用途而可被利用。从水资源的定义看，水资源包含水量和水质两个方面的含义，是"水量"和"水质"的有机结合，互为依存，缺一不可。

造成水资源短缺的因素有很多，其中两个主要因素是资源性缺水和水质性缺水，资源性缺水是指当地水资源总量少，不能适应经济发展的需要，形成供水紧张；水质性缺水是大量排放的废污水造成淡水资源受污染而短缺的现象。很多时候，水资源短缺并不是由于资源性缺水造成的，而是由于水污染，使水资源的水质达不到用水要求。

水体本身具有自净能力，只要进入水体的污染物的量不超过水体自净能力的范围，便不会对水体造成明显的影响，而水体的自净能力与水体的水量具有密切的关系，同等条件下，水体的水量越大，允许容纳的污染物的量越多。

地球上的水体受太阳能的作用，不断地进行相互转换和周期性的循环过程。在水循环过程中，水不断地与其周围的介质发生复杂的物理和化学作用，从而形成自己的物理性质和化学成分，自然界中完全纯净的水是不存在的。

因此，进行水资源水量和水质管理时，需将水资源水量与水质进行统一管理，只考虑水资源水量或者水质，都是不可取的。

第三节 水价管理

水资源管理措施可分为制度性和市场性两种手段，对于水资源的保护，制度性手段可限制不必要的用水，市场性手段是用价格刺激自愿保护，市场性管理就是应用价格的杠杆作用，调节水资源的供需关系，达到资源管理的目的。一个完善合理的水价体系是我国现代水权制度和水资源管理体制建设的必要保障。价格是价值的货币表现，研究水资源价格需要首先研究水资源价值。

一、水资源价值

（一）水资源价值论

水资源有无价值，国内外学术界有不同的解释。研究水资源是否具有价值的理论学说有劳动价值论、效用价值论、生态价值论和哲学价值论等，下面简要介绍劳动价值论与效用价值论。

1. 劳动价值论

马克思在其政治经济学理论中，把价值定义为抽象劳动的凝结，即物化在商品中的抽象劳动。价值量的大小决定于商品所消耗的社会必要劳动时间的多少，即在社会平均劳动熟练程度和劳动强度下，制造某种使用价值所需的劳动时间。运用马克思的劳动价值论来考察水资源的价值，关键在于水资源是否凝结着人类的劳动。

对于水资源是否凝结着人类的劳动，存在两种观点：一种观点认为，自然状态下的水资源是自然界赋予的天然产物，不是人类创造的劳动产品，没有凝结着人类的劳动，因此，水资源不具有价值。另一种观点认为，随着时代的变迁，当今社会早已不是马克思所处的年代，在过去，水资源的可利用量相对比较充裕，不需要人们再付出具体劳动就会自我更新和恢复，因而在这一特定的历史条件下，水资源似乎是没有价值的。随着社会经济的高速发展，水资源短缺等问题日益严重，这表明水资源仅仅依靠自然界的自然再生产已不能满足日益增长的经济需求，我们必须付出一定的劳动参与水资源的再生产，水资源具有价值又正好符合劳动价值论的观点。

上述两种观点都是从水资源是否物化人类的劳动为出发点展开论证，但得出的结论截然相反，究其原因，主要是劳动价值论是否适用于现代的水资源。随着时代的变迁和社会的发展与进步，仅仅单纯地利用劳动价值论，来解释水资源是否具有价值是有一定困难的。

2. 效用价值论

效用价值论是从物品满足人的欲望能力或人对物品效用的主观评价角度来解释价值及其形成过程的经济理论。物品的效用是物品能够满足人的欲望程度。价值则是人对物品满足人的欲望的主观估价。

效用价值论认为，一切生产活动都是创造效用的过程，然而人们获得效用却不一定非要通过生产来实现，效用不但可以通过大自然的赐予获得，而且人们的主观感觉也是效用的一个源泉。只要人们的某种欲望或需要得到了满足，人们就获得了某种效用。

边际效用论是效用价值论后期发展的产物，边际效用是指在不断增加某一消费品所取得一系列递减的效用中，最后一个单位所带来的效用。边际效用论主要包括四个观点：价值起源于效用，效用是形成价值的必要条件又以物品的稀缺性为条件，效用和稀缺性是价值得以出现的充分条件；价值取决于边际效用量，即满足人的最后的即最小欲望的那一单位商品的效用；边际效用递减和边际效用均等规律，边际效用递减规律是指人们对某种物品的欲望程度随着享用的该物品数量的不断增加而递减，边际效用均等规律（也称边际效用均衡定律）是指不管几种欲望最初绝对量如何，最终使各种欲望满足的程度彼此相同，才能使人们从中获得的总效用达到最大；效用量是由供给和需求之间的状况决定的，其大小与需求强度成正比例关系，物品价值最终由效用性和稀缺性共同决定。

根据效用价值理论，凡是有效用的物品都具有价值，很容易得出水资源具有价值。因为水资源是生命之源、文明的摇篮、社会发展的重要支撑和构成生态环境的基本要素，对人类具有巨大的效用，此外，水资源短缺已成为全球性问题，水资源满足既短缺又有用的条件。

根据效用价值理论，能够很容易得出水资源具有价值，但效用价值论也存在几个问题，如效用价值论与劳动价值论相对抗，将商品的价值混同于使用价值或物品的效用，效用价值论决定价值的尺度是效用。

（二） 水资源价值的内涵

水资源价值可以利用劳动价值论、效用价值论、生态价值论和哲学价值论等进行研究和解释，但不管用哪种价值论来解释水资源价值，水资源价值的内涵主要表现在以下三方面：

1. 稀缺性

稀缺性是资源价值的基础，也是市场形成的根本条件，只有稀缺的东西才会具有经济学意义上的价值，才会在市场上有价格。对水资源价值的认识，是随着人类社会的发展和水资源稀缺性的逐步提高（水资源供需关系的变化）而逐渐发展和形成的，水资源价值也存在从无到有、由低向高的演变过程。

资源价值首要体现的是其稀缺性，水资源具有时空分布不均匀的特点，水资源价值的大小也是其在不同地区不同时段稀缺性的体现。

2. 资源产权

产权是与物品或劳务相关的一系列权利和一组权利。产权是经济运行的基础，商品和劳务买卖的核心是产权的转让，产权是交易的基本先决条件。资源配置、经济效率和外部性问题都和产权密切相关。

从资源配置角度来看，产权主要包括所有权、使用权、收益权和转让权。要实现资源的最优配置，转让权是关键。要体现水资源的价值，一个很重要的方面就是对其产权的体现。产权体现了所有者对其拥有的资源的一种权利，是规定使用权的一种法律手段。

3. 劳动价值

水资源价值中的劳动价值主要是指水资源所有者为了在水资源开发利用和交易中处于有利地位，需要通过水文监测、水资源规划和水资源保护等手段，对其拥有的水资源的数量和质量进行调查和管理，这些投入的劳动和资金，必然使得水资源价值中拥有一部分劳动价值。

水资源价值中的劳动价值是区分天然水资源价值和已开发水资源价值的重要标志，若水资源价值中含有劳动价值，则称其为已开发的水资源，反之，称其为尚未开发的水资源。尚未开发的水资源同样有稀缺性和资源产权形成的价值。

水资源价值的内涵包括稀缺性、资源产权和劳动价值三个方面。对于不同水资源类型来讲，水资源的价值所包含的内容会有所差异，比如，对水资源丰富程度不同的地区来说，水资源稀缺性体现的价值就会不同。

（三）水资源价值定价方法

水资源价值的定价方法包括影子价格法、市场定价法、补偿价格法、机会成本法、供求定价法、级差收益法和生产价格法等，下面简要介绍影子价格法、市场定价法、补偿价格法、机会成本法等方法。

1. 影子价格法

影子价格法是通过自然资源对生产和劳务所带来收益的边际贡献来确定其影子价格，然后参照影子价格将其乘以某个价格系数来确定自然资源的实际价格。

2. 市场定价法

市场定价法是用自然资源产品的市场价格减去自然资源产品的单位成本，从而得到自然资源的价值。市场定价法适用于市场发育完全的条件。

3. 补偿价格法

补偿价格法是把人工投入增强自然资源再生、恢复和更新能力的耗费作为补偿费用来确定自然资源价值定价的方法。

4. 机会成本法

机会成本法是按自然资源使用过程中的社会效益及其关系，将失去的使用机会所创造的最大收益作为该资源被选用的机会成本。

二、水价

（一）水价的概念与构成

水价是指水资源使用者使用单位水资源所付出的价格。

水价应该包括商品水的全部机会成本，水价的构成概括起来应该包括资源水价、工程水价和环境水价。目前，多数发达国家都在实行这种机制。资源水价、工程水价和环境水价的内涵如下：

1. 资源水价

资源水价即水资源价值或水资源费，是水资源的稀缺性、产权在经济上的实现形式。

资源水价包括对水资源耗费的补偿；对水生态（如取水或调水引起的水生态变化）影响的补偿；为加强对短缺水资源的保护，促进技术开发，还应包括促进节水、保护水资源和海水淡化技术进步的投入。

2. 工程水价

工程水价是指通过具体的或抽象的物化劳动把资源水变成产品水，进入市场成为商品水所花费的代价，包括工程费（勘测、设计和施工等）、服务费（包括运行、经营、管理维护和修理等）和资本费（利息和折旧等）的代价。

3. 环境水价

环境水价是指经过使用的水体排出用户范围后污染了他人或公共的水环境，为污染治理和水环境保护所需要的代价。

资源水价作为取得水权的机会成本，受到需水结构和数量、供水结构和数量、用水效率和效益等因素的影响，在时间和空间上不断变化。工程水价和环境水价主要受取水工程和治污工程的成本影响，通常变化不大。

（二）水价制定原则

制定科学合理的水价，对加强水资源管理，促进节约用水和保障水资源可持续利用等具有重要意义。制定水价时应遵循以下四个原则：

1. 公平性和平等性原则

水资源是人类生存和社会发展的物质基础，而且水资源具有公共性的特点，任何人都享有用水的权利，水价的制定必须保证所有人都能公平和平等地享受用水的权利。此外，水价的制定还要考虑行业、地区及城乡之间的差别。

2. 高效配置原则

水资源是稀缺资源，水价的制定必须重视水资源的高效配置，以发挥水资源的最大效益。

3. 成本回收原则

成本回收原则是指水资源的供给价格不应小于水资源的成本价格。成本回收原则是保证水经营单位正常运行，促进水投资单位投资积极性的一个重要举措。

4. 可持续发展原则

水资源的可持续利用是人类社会可持续发展的基础，水价的制定，必须有利于水资源

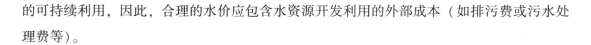

的可持续利用，因此，合理的水价应包含水资源开发利用的外部成本（如排污费或污水处理费等）。

（三）水价实施种类

水价实施种类有单一计量水价、固定收费、二部制水价、季节水价、基本生活水价、阶梯式水价、水质水价、用途分类水价、峰谷水价、地下水保护价和浮动水价等。

第四节　水资源管理信息系统

一、信息化与信息化技术

（一）信息化

信息化是指培养、发展以计算机为主的智能化工具为代表的新生产力，并使之造福于社会的历史过程。

（二）信息化技术

信息化技术是以计算机为核心，包括网络、通信、3S 技术、遥测、数据库、多媒体等技术的综合。

二、水资源管理信息化的必要性

水资源管理是一项涉及面广、信息量大和内容复杂的系统工程，水资源管理决策要科学、合理、及时和准确。水资源管理信息化的必要性包括以下几方面：

1. 水资源管理是一项复杂的水事行为，需要收集、储存和处理大量的水资源系统信息，传统的方法难于济事，信息化技术在水资源管理中的应用，能够实现水资源信息系统管理的目标。

2. 远距离水信息的快速传输，以及水资源管理各个业务数据的共享也需要现代网络或无线传输技术。

3. 复杂的系统分析也离不开信息化技术的支撑，它需要对大量的信息进行及时和可靠的分析，特别是对于一些突发事件的实时处理，如洪水问题，需要现代信息技术做出及时的决策。

4. 对水资源管理进行实时的远程控制管理等也需要信息化技术的支撑。

三、水资源管理信息系统

（一）水资源管理信息系统的概念

水资源管理信息系统是传统水资源管理方法与系统论、信息论、控制论和计算机技术的完美结合，它具有规范化、实时化和最优化管理的特点，是水资源管理水平的一个飞跃。

（二）水资源管理信息系统的结构

为了实现水资源管理信息系统的主要工作，水资源管理信息系统一般有数据库、模型库和人机交互系统三部分组成。

（三）水资源管理信息系统的建设

1. 建设目标

水资源管理信息系统建设的具体目标：实时、准确地完成各类信息的搜集、处理和存储，建立和开发水资源管理系统所需的各类数据库，建立适用于可持续发展目标下的水资源管理模型库，建立自动分析模块和人机交互系统，具有水资源管理方案提取及分析功能，能够实现远距离信息传输功能。

2. 建设原则

水资源管理信息系统是一项规模强大、结构复杂、功能强、涉及面广、建设周期长的系统工程。为实现水资源管理信息系统的建设目标，水资源管理信息系统建设过程中应遵循以下八个原则：

实用性原则：系统各项功能的设计和开发必须紧密结合实际，能够运用于生产过程中，最大限度地满足水资源管理部门的业务需求。

先进性原则：系统在技术上要具有先进性（包括软硬件和网络环境等的先进性），确保系统具有较强的生命力、高效的数据处理与分析等能力。

简捷性原则：系统使用对象并非全都是计算机专业人员，故系统表现形式要简单直观、操作简便、界面友好、窗口清晰。

标准化原则：系统要强调结构化、模块化、标准化，特别是接口要标准统一，保证连接通畅，可以实现系统各模块之间、各系统之间的资源共享，保证系统的推广和应用。

灵活性原则：系统各功能模块之间能灵活实现相互转换，系统能随时为使用者提供所需的信息和动态管理决策。

开放性原则：系统采用开放式设计，保证系统信息不断补充和更新，具备与其他系统的数据和功能的兼容能力。

经济性原则：在保持实用性和先进性的基础上，以最小的投入获得最大的产出，如尽量选择性价比高的软硬件配置，降低数据维护成本，缩短开发周期，降低开发成本。

安全性原则：应当建立完善的系统安全防护机制，阻止非法用户的操作，保障合法用户能方便地访问数据和使用系统；系统要有足够的容错能力，保证数据的逻辑准确性和系统的可靠性。

第七章 水资源可持续利用与保护

　　我国水资源分布不均，与土地资源并不协调，许多地区存在地下水位下降和河流干涸现象，可能进一步导致国家水资源短缺，对社会发展造成极为不利的影响。因此，现阶段迫切需要解决水资源浪费和污染问题，加强水资源保护，但我国水资源保护目前存在一些问题，对水资源的可持续利用产生不利影响。所以，下面将对水资源的保护和可持续利用进行详细介绍，分析目前存在的问题，提出水资源保护和可持续利用的有效措施。

第一节　水资源可持续利用评价

一、水资源可持续利用概述

　　水资源可持续利用（Sustainable Water Resources Utilization），即一定空间范围水资源既能满足当代人的需要，对后代人满足其需求能力又不构成危害的资源利用方式。

　　为保证人类社会、经济和生存环境可持续发展，对水资源实行永续利用的原则。可持续发展的观点是 20 世纪 80 年代在寻求解决环境与发展矛盾的出路中提出的，并在可再生的自然资源领域相应提出可持续利用问题，其基本思路是在自然资源的开发中，注意因开发所致的不利于环境的副作用和预期取得的社会效益相平衡。在水资源的开发与利用中，为保持这种平衡就应遵守供饮用的水源和土地生产力得到保护的原则，保护生物多样性不受干扰或生态系统平衡发展的原则，对可更新的淡水资源不可过量开发使用和污染的原则。因此，在水资源的开发利用活动中，绝对不能损害地球上的生命支持系统和生态系统，必须保证为社会和经济可持续发展合理供应所需的水资源，满足各行各业用水要求并持续供水。此外，水在自然界循环过程中会受到干扰，应注意研究对策，使这种干扰不致影响水资源可持续利用。

　　为适应水资源可持续利用的原则，在进行水资源规划和水工程设计时应使建立的工程系统体现如下特点：天然水源不因其被开发利用而造成水源逐渐衰竭；水工程系统能较持久地保持其设计功能，因自然老化导致的功能减退能有后续的补救措施；对某范围内水供需问题能随工程供水能力的增加及合理用水、需水管理、节水措施的配合，使其能较长期保持相互协调的状态；因供水及相应水量的增加而致废污水排放量的增加，而需相应增加处理废污水能力的工程措施，以维持水源的可持续利用效能。

二、水资源可持续利用指标体系

（一）水资源可持续利用指标体系研究的基本思路

水资源可持续利用是一个反映区域水资源状况（包括水质、水量、时空变化等），开发利用程度，水资源工程状况，区域社会、经济、环境与水资源协调发展，近期与远期不同水平年对水资源分配竞争，地区之间、城市与农村之间水资源的受益差异等多目标的决策问题。根据可持续发展与水资源可持续利用的思想，水资源可持续利用指标体系的研究思路应包括以下几方面：

1. 基本原则

区域水资源可持续利用指标体系的建立，应该根据区域水资源特点，考虑到区域社会经济发展的不平衡、水资源开发利用程度及当地科技文化水平的差异等，在借鉴国际上对资源可持续利用的基础上，以科学、实用、简明的选取原则，具体考虑以下五方面：

（1）全面性和概括性相结合

区域水资源可持续利用系统是一个复杂的复合系统，它具有深刻而丰富的内涵，要求建立的指标体系具有足够的涵盖面，全面反映区域水资源可持续利用内涵，但同时又要求指标简洁、精练，因为要实现指标体系的全面性就极容易造成指标体系之间的信息重叠，从而影响评价结果的精度。为此，应尽可能地选择综合性强、覆盖面广的指标，而避免选择过于具体详细的指标，同时，应考虑地区特点，抓住主要的、关键性指标。

（2）系统性和层次性相结合

区域以水为主导因素的水资源—社会—经济—环境这一复合系统的内部结构非常复杂，各个系统之间相互影响、相互制约。因此，要求建立的指标体系层次分明，具有系统化和条理化，将复杂的问题用简洁明朗的、层次感较强的指标体系表达出来，充分展示区域水资源可持续利用复合系统可持续发展状况。

（3）可行性与可操作性相结合

建立的指标体系往往在理论上反映较好，但实践性却不强。因此，在选择指标时，不能脱离指标相关资料信息条件的实际，要考虑指标的数据资料来源，也即选择的每一项指标不但要有代表性，而且应尽可能选用目前统计制度中所包含或通过努力可能达到。对于那些未纳入现行统计制度、数据获得不是很直接的指标，只要它是进行可持续利用评价所必需的，也可将其选择作为建议指标，或者可以选择与其代表意义相近的指标作为代替。

（4）可比性与灵活性相结合

为了便于区域自己在纵向上或者区域与其他区域在横向上比较，要求指标的选取和计算采用国内外通行口径。同时，指标的选取应具备灵活性，水资源、社会、经济、环境具有明显的时空属性，不同的自然条件、不同的社会经济发展水平、不同的种族和文化背景，导致各个区域对水资源的开发利用和管理都具有不同的侧重点和出发点。指标因地区不同而存在差异，因此，指标体系应具有灵活性，可根据各地区的具体情况进行相应调整。

（5）问题的导向性

指标体系的设置和评价的实施，目的在于引导被评估对象走向可持续发展的目标，因而水资源可持续利用指标应能够体现人、水、自然环境相互作用的各种重要原因和后果，从而为决策者有针对性地适时调整水资源管理政策提供支持。

2. 理论与方法

借助系统理论、系统协调原理，以水资源、社会、经济、生态、环境、非线性理论、系统分析与评价、现代管理理论与技术等领域的知识为基础，以计算机仿真模拟为工具，采用定性与定量相结合的综合集成方法，研究水资源可持续利用指标体系。

3. 评价与标准

水资源可持续利用指标的评价标准可采用 Bossel 分级制与标准进行评价，将指标分为 4 个级别，并按相对值 0~4 划分。其中，0~1 为不可接受级，即指标中任何一个指标值小于 1 时，表示该指标所代表的水资源状况十分不利于可持续利用，为不可接受级；1~2 为危险级，即指标中任何一个值在 1~2 时，表示它对可持续利用构成威胁；2~3 为良好级，表示有利于可持续利用；3~4 为优秀级，表示十分有利于可持续利用。

（1）水资源可持续利用的现状指标体系

现状指标体系分为两大类：基本定向指标和可测指标。

基本定向指标是一组用于确定可持续利用方向的指标，是反映可持续性最基本而又不能直接获得的指标。基本定向指标可选择生存、能效、自由、安全、适应和共存六个指标。

生存表示系统与正常环境状况相协调并能在其中生存与发展。能效表示系统能在长期平衡基础上通过有效的努力使稀缺的水资源供给安全可靠，并能消除其对环境的不利影响。自由表示系统具有能力在一定范围内灵活地应付环境变化引起的各种挑战，以保障社会经济的可持续发展。安全表示系统必须能够使自己免受环境易变性的影响，使其可持续发展。适应表示系统应能通过自适应和自组织更好地适应环境改变的挑战，使系统在改变了的环境中持续发展。共存是指系统必须有能力调整其自身行为，考虑其他子系统和周围环境的行为、利益，并与之和谐发展。

可测指标即可持续利用的量化指标，按社会、经济、环境三个子系统划分，各子系统中的可测指标由系统本身有关指标及其可持续利用涉及的主要水资源指标构成，这些指标又进一步分为驱动力指标、状态指标和响应指标。

（2）水资源可持续利用指标趋势的动态模型

应用预测技术分析水资源可持续利用指标的动态变化特点，建立适宜的水资源可持续利用指标动态模拟模型和动态指标体系，通过计算机仿真进行预测。根据动态数据的特点，模型主要包括统计模型、时间序列（随机）模型、人工神经网络模型（主要是模糊人工神经网络模型）和混沌模型。

（3）水资源可持续利用指标的稳定性分析

由于水资源可持续利用系统是一个复杂的非线性系统，在不同区域内，应用非线性理论研究水资源可持续利用系统的作用、机理和外界扰动对系统的敏感性。

（4）水资源可持续的综合评价

根据上述水资源可持续利用的现状指标体系评价、水资源可持续利用指标趋势的动态模型和水资源可持续利用指标的稳定性分析，应用不确定性分析理论，进行水资源可持续的综合评价。

（二）水资源可持续利用指标体系研究进展

1. 水资源可持续利用指标体系的建立方法

现有指标体系建立的方法基本上是基于可持续利用的研究思路，归纳起来包括几点：

（1）系统发展协调度模型指标体系由系统指标和协调度指标构成。系统可概括为社会、经济、资源、环境组成的复合系统。协调度指标则是建立区域人—地相互作用和潜力三维指标体系，通过这一潜力空间来综合测度可持续发展水平和水资源可持续利用评价。

（2）资源价值论应用经济学价值观点，选用资源实物变化率、资源价值（或人均资源价值）变化率和资源价值消耗率变化等指标进行评价。

（3）系统层次法基于系统分析法，指标体系由目标层和准则层构成。目标层即水资源可持续利用的目标，目标层下可建立一个或数个较为具体的分目标，即准则层。准则层则由更为具体的指标组成，应用系统综合评判方法进行评价。

（4）压力—状态—反应（PSR）结构模型由压力、状态和反应指标组成。压力指标用以表征造成发展不可持续的人类活动和消费模式或经济系统的一些因素，状态指标用以表征可持续发展过程中的系统状态，响应指标用以表征人类为促进可持续发展进程所采取的对策。

（5）生态足迹分析法是一组基于土地面积的量化指标对可持续发展的度量方法，它采用生态生产性土地为各类自然资本统一度量基础。

（6）归纳法首先把众多指标进行归类，再从不同类别中抽取若干指标构建指标体系。

（7）不确定性指标模型认为水资源可持续利用概念具有模糊、灰色特性。应用模糊、灰色识别理论、模型和方法进行系统评价。

（8）区间可拓评价方法将待评指标的量值、评价标准均以区间表示，应用区间与区间之距概念和方法进行评价。

（9）状态空间度量方法以水资源系统中人类活动、资源、环境为三维向量表示承载状态点，状态空间中不同资源、环境、人类活动组合则可形成区域承载力，构成区域承载力曲面。

（10）系统预警方法中的预警是水资源可持续利用过程中偏离状态的警告，它既是一种分析评价方法，又是一种对水资源可持续利用过程进行监测的手段。预警模型由社会经济子系统和水资源环境子系统组成。

（11）属性细分理论系统就是将系统首先进行分解，并进行系统的属性划分，根据系统的细分化指导寻找指标来反映系统的基本属性，最后确定各子系统属性对系统属性的贡献。

2. 水资源可持续利用评价的基本程序

基本程序包括：①建立水资源可持续利用的评价指标体系；②确定指标的评价标准；③确定性评价；④收集资料；⑤指标值计算与规格化处理；⑥评价计算；⑦根据评价结果，提出评价分析意见。

因此，为了准确评定水资源配置方案的科学性，必须建立能评价和衡量各种配置方案的统一尺度，即评价指标体系。评价指标体系是综合评价的基础，指标确定是否合理，对于后续的评价工作起决定性的影响。可见，建立科学、客观、合理的评价指标体系，是水资源配置方案评价的关键。

3. 水资源可持续利用指标体系的分类

（1）国外水资源可持续利用指标体系

主要包括国家、地区、流域三种尺度。水资源可持续利用指标体系分为质量指标、受损指标、交互作用指标、水文地质化学指标和动态指标。可持续类别根据生态状况分为可持续、弱不可持续、中等不可持续、不可持续、高度不可持续和灾难性不可持续。

国家水资源可持续利用指标体系，其特点是具有高度的宏观性，指标数目少。主要指标包括：地表水、地下水年提取量，人均用水量，地下水储存量，淡水中肠菌排泄量，水体中生物需氧量，废水处理，水文网络密度等。

地区水资源可持续利用指标体系，其特点是指标种类数目相对较多，强调生态状况。主要指标包括：地表水量、地下水利用量，水资源总利用量，家庭用水水质，清洁水、废水价格，水源携带营养量，水流中有害物质数量，人口，濒临物种，居民区和人口稀疏地区废水处理效率，污水利用量，水系统调节、用水分配，防洪、经济和娱乐等。

流域水资源可持续利用指标体系，流域管理强调环境、经济、社会综合管理，其目的在于考虑下一代利益，保护自然资源，特别是水资源，使其对社会、经济、环境负面影响结果最小。指标体系大多为驱动力—压力—状态—反应（The Driving—Forces—Pressure—State—Impact—Response，DPSIR）指标。驱动力为流域中自然条件及经济活动，压力包括自然、人工供水、用水量和水污染，状态则是反映上述的质量、数量指标，反应包括直接对生态的影响和对流域资源的影响。

（2）国内水资源可持续利用指标体系

按复合系统子系统划分：

①自然生态指标：水资源总量、水资源质量指标、水文特征值的稳定性指标、水利特征值指标、水源涵养指标、污水排放总量、污水净化能力、海水利用量。

②经济指标：工业产值耗水指标、农业产值耗水指标、第三产业耗水指标、水价格。

③社会指标：城市居民生活用水动态指标，农村人畜用水动态指标，环境用水动态指标，技术因素、政策因素对水资源利用的影响。

按水资源系统特性划分：

①水资源可供给性：产水系数、产水模数、人均水量、地均水量、水质状况。

②水资源利用程度及管理水平：工业用水利用率、农业用水利用率、灌溉率、重复用水率、水资源供水率。

③水资源综合效益：单位水资源量的工业产值、单位水资源量的农业产值。

按指标的结构划分：

①综合性指标体系：由反映社会、经济、资源、环境的多项指标综合而成。

②层次结构指标体系：由一系列指标组成指标群，在结构上表现为一定的层次结构。

③矩阵结构指标体系：这是近年来可持续发展指标体系建立的新思路，其特点是在结构上表现为交叉的二维结构。

按指标体系建立的途径划分：

①统计指标：指以统计途径获得的指标。

②理论解析模型指标：指通过模型求解获得的指标。

按指标体系的量纲划分：

①有量纲指标：指具有度量单位的指标，如用水量，其度量单位可用亿 m^3 或万 m^3 表示。

②无量纲指标：指没有度量单位的指标，如以百分率或比值表示的指标。

按可持续观点划分：

①外延指标和内在指标：外延指标分为自然资源存量、固定资产存量；内在指标是由外延指标派生出来的指标，分为时间函数（即速率）、状态函数两种。

②描述性指标和评估性指标：描述性指标是以各因素基础数据为主的指标；评估性指标是经过计算加工后的指标，实际中多用相对值表示。

按评价指标货币属性划分：

①货币评价指标：指能够按货币估值的指标。

②非货币评价指标：指不能够按货币估值的指标，如用水公平性。

按认识论和方法论分析划分：

①经济学方法指标：按自然资源、环境核算建立的指标。

②生态学方法指标：以生态状态为主要指标，主要包括能值分析和最低安全标准指标。

③统计学指标：把水资源可持续利用看作是一个多层次、多领域的决策问题，指标结构为多维、多层次。

按评价指标考虑因素的范围划分：

①单一性指标：它侧重于描述一系列因素的基本情况，以指标大型列表或菜单表示。

②专题性指标：选择有代表性专题领域，制定出相应的指标。

③系统化指标：它是在一个确定的研究框架内，为了综合和集成大量的相关信息，制定出具有明确含义的指标。

（三）水资源可持续利用指标研究存在的问题

水资源可持续利用是在可持续发展概念下产生的一种全新发展模式，其内涵十分丰富，具有复杂性、广泛性、动态性和地域特殊性等特点。不同国家、不同地区、不同人、不同发展水平和条件对其理解有所差异，水资源可持续利用实施的内容和途径必然存在一定的差异。因此，水资源可持续利用研究的难度非常大。目前，水资源可持续利用指标体系的研究尚处于起步阶段，主要存在以下问题：

1. 水资源可持续利用体系的理论框架不够完善

水资源可持续利用体系建立的理论框架仍处在探索阶段，其理论基本上是可持续利用理论框架演化而来的，而可持续利用的理论框架目前处在研究探索阶段，因而水资源可持续利用指标体系建立的原则、方法和评价尚不统一。从目前的研究来看，关于水资源可持续利用的探讨，政府行为和媒体宣传多于学术研究，现有研究工作大多停留于概念探讨、理论分析阶段，定性研究多于量化研究。

2. 尚未形成公认的水资源可持续利用指标体系

建立一套有效的水资源可持续利用评价指标体系是一项复杂的系统工程，目前，仍未形成一套公认的、应用效果很好的指标体系，其研究存在以下问题：

（1）指标尺度

水资源可持续利用体系始于宏观尺度内的国际或国家水资源可持续利用研究，从研究内容来看，宏观尺度内的流域、地区的水资源可持续利用指标体系研究则相对较少。

（2）指标特性

目前，应用较多的指标体系为综合指标体系、层次结构体系和矩阵结构指标体系。综合性指标体系依赖于国民经济核算体系的发展和完善，只能反映区域水资源可持续利用的总体水平，无法判断区域水资源可持续利用的差异，如联合国最新指标体系中与《中国21世纪议程》第18章关于水的指标。这些指标只适用于大范围的研究区域（如国家乃至全球），对区域水资源可持续利用评价并无多大的实用价值。层次结构指标体系在持续性、协调性研究上具有较大的难度，要求基础数据较多，缺乏统一的设计原则。矩阵结构指标体系包含的指标数目十分庞大、分散，所使用的"压力""状态"指标较难界定。

（3）指标的可操作性

现有水资源可持续利用在反映不同地区、不同水资源条件、不同社会经济发展水平、不同种族和文化背景等方面具有一定的局限性。

（4）评价的主要内容

现有指标基本上限于水资源可持续利用的现状评价，缺乏指标体系的趋势、稳定性和综合评价。因此，与反映水资源可持续利用的时间和空间特征仍有一定的距离。

（5）权值

确定水资源可持续利用评价的许多方法，如综合评价法、模糊评价法等含有权值确定问题。权值确定可分为主观赋权法和客观赋权法。主观赋权法更多地依赖于专家知识、经验，客观赋权法则通过调查数据计算、指标的统计性质确定。权值确定往往决定评价结果，但是目前还没有一个很好的方法。

（6）定性指标的量化

在实际应用中，定性指标常常结合多种方法进行量化，但由于水资源可持续利用本身的复杂性，其量化仍是目前一个难度较大的问题，因此，定性指标的量化方法有待于进一步深入研究。

（7）指标评价标准和评价方法

现有的水资源可持续利用指标评价标准和评价方法各具特色，在实际水资源可持续评价中，有时会出现较大差异，其原因是水资源可持续利用是一个复杂的巨大系统，现有指标评价标准和评价方法基于的观点和研究的重点有所差异。如何选取理想的指标评价标准和评价方法，目前没有公认的标准和方法。

综合评分法能否恰当地体现各子系统之间的本质联系和水资源可持续利用思想的内涵还值得商榷，应用主观评价法确定指标权重，其科学性也值得怀疑，目前最大的难点在于难以解决指标体系中指标的重复问题。多元统计法中的主成分分析、因子分析为解决指标的重复提供了可能。主成分分析在第一个主成分分量的贡献率小于 85% 时，需要将几个分量合起来，使贡献率大于 85%，对于这种情况，虽然处理方法很多，但目前仍存在一些争论。因子分析由于求解不具有唯一性，在选择评价问题的适合解时，采用选择的适合标准，目前还有各种不同的看法。模糊评判与灰色法为评价主观、定性指标提供了可能，但其受到指标量化和计算选择方法的限制。协调度是使用一组微分方程来表示系统的演化过程，虽然协同的支配原理表明，系统的状态变量按其临界行为可分为慢变量和快变量。根据非平衡相变的最大信息熵原理，可以简化模型的维数，但是快变量和慢变量的数目确定没有理论上的证明，因而仅停留在利用协同原理解释和研究大量复杂系统的演化过程。另外，对于发展度、资源环境承载力、环境容量以及可持续利用的结构函数尚须进一步探讨。多维标度方法则在多目标综合评价的方法和众多指标整合为一个量纲统一的评价性指标仍须进一步研究。

三、水资源可持续利用评价方法

水资源开发利用保护是一项十分复杂的活动，至今未有一套相对完整、简单而又为大多数人所接受的评价指标体系和评价方法。一般认为指标体系要能体现所评价对象在时间尺度上的可持续性、在空间尺度上的相对平衡性、对社会分配方面的公平性、对水资源的控制能力、对与水有关的生态环境质量的特异性、具有预测和综合能力，并相对易于采集数据并相对易于应用。

水资源可持续利用评价包括水资源基础评价、水资源开发利用评价、与水相关的生态环境质量评价、水资源合理配置评价、水资源承载能力评价，以及水资源管理评价六方面。水资源基础评价突出资源本身的状况及其对开发利用保护而言所具有的特点；开发利用评价则侧重于开发利用程度、供水水源结构、用水结构、开发利用工程状况和缺水状况等方面；与水有关的生态环境质量评价要能反映天然生态与人工生态的相对变化、河湖水体的变化趋势、土地沙化与水土流失状况、用水不当导致的耕地盐渍化状况及水体污染状况等；水资源合理配置评价不是侧重于开发利用活动本身，而是侧重于开发利用对可持续发展目标的影响，主要包括水资源配置方案的经济合理性、生态环境合理性、社会分配合理性，以及三方面的协调程度，同时还要反映开发利用活动对水文循环的影响程度、开发利用本身的经济代价及生态代价，以及所开发利用水资源的总体使用效率；水资源承载能力评价要反映极限性、被承载发展模式的多样性和动态性，以及从现状到极限的潜力等；水资源管理评价包括需水、供水、水质、法规、机构五方面的管理状态。

水资源可持续利用评价指标体系是区域与国家可持续发展指标体系的重要组成部分，也是综合国力中资源部分的重要环节，"走可持续发展之路，是中国在未来发展的自身需要和必然选择"。为此，对水资源可持续利用进行评价具有重要意义。

（一）水资源可持续利用评价的含义

水资源可持续利用评价是按照现行的水资源利用方式、水平、管理与政策对其能否满足社会经济持续发展所要求的水资源可持续利用做出的评估。

进行水资源可持续利用评价的目的在于认清水资源利用现状和存在问题，调整其利用方式与水平，实施有利于可持续利用的水资源管理政策，有助于国家和地区社会经济可持续发展战略目标的实现。

（二）水资源可持续利用指标体系的评价方法

综合许多文献，目前，水资源可持续利用指标体系的评价方法主要有以下几种：

1. 综合评分法。其基本方法是通过建立若干层次的指标体系，采用聚类分析、判别分析和主观权重确定的方法，最后给出评判结果。它的特点是方法直观，计算简单。

2. 不确定性评判法。主要包括模糊与灰色评判。模糊评判采用模糊联系合成原理进行综合评价，多以多级模糊综合评价方法为主。该方法的特点是能够将定性、定量指标进行量化。

3. 多元统计法。主要包括主成分分析和因子分析法。该方法的优点是把涉及经济、社会、资源和环境等方面的众多因素组合为量纲统一的指标，解决了不同量纲的指标之间可综合性问题，把难以用货币术语描述的现象引入了环境和社会的总体结构中，信息丰富，资料易懂，针对性强。

4. 协调度法。利用系统协调理论，以发展度、资源环境承载力和环境容量为综合指标来反映社会、经济、资源（包括水资源）与环境的协调关系，能够从深层次上反映水资源可持续利用所涉及的因果关系。

5. 多维标度法。主要包括 Torgerson 法、K—L 法、Shepard 法、Kruskal 法和最小维数法。与主成分分析法不同，其能够将不同量纲指标整合，进行综合分析。

（三）水资源可持续利用评价指标

1. 水资源可持续利用的影响因素

水资源可持续利用的影响因素主要有：区域水资源数量、质量及其可利用量，区域社会人口经济发展水平及需水量，水资源开发利用的水平，水资源管理水平，区域外水资源调用的可能性，等等。

2. 选择水资源可持续利用评价指标

选择水资源可持续利用评价指标主要考虑：对水资源可持续利用有较大影响；指标值便于计算；资料便于收集，便于进行纵向和横向的比较。

3. 水资源水质达标率 R

水资源水质标准可选用水源水质标准或地面水水质标准。水质达标率是反映区域水资源受污染程度和水质管理水平的一个指标。

4. 区域供水量的替补率 R_n

区域外水资源经水利设施调入的水资源数量 W_n 与区域供水量 S_u 的比值 R 定义为区域供水量的替补率，即

$$R_n = W_n / S_u$$

（7-1）

在区域水资源贫乏的情况下，从区域外调水往往是区域水资源可持续利用的重要因素。设 R_n 对区域水资源可持续利用的影响值为：

$$I_n = 1 + R_n$$

（7-2）

5. 社会发展和管理影响因子 F

以上指标都直接或间接地与社会发展和管理水平有关，但是社会发展和管理水平更多地影响了许多资源利用状况的变化及其速率，也极大地影响了区域资源供需状况的变化。

例如，社会人口、经济的增长将使需水量增加，节水措施的推广、科技水平的提高将使循环用水量增加、万元产值耗水量减少、亩均用水量减少、水资源利用效率提高，这些将使需水量减少。又如，加强环境保护措施将使水质改善，但若环保不力，又将使水资源质量恶化，所有这些都将影响水资源持续利用。

所以，在水资源持续利用评价指标中除了有反映利用状态的指标外，增加反映利用状态变化率的指标，才比较充分，才更能体现持续利用评价的目标。综合这些影响利用状况变化的因素，我们称之为社会发展和管理影响因子 F。F 值的大小可根据需水量、可供水量、水污染状况等方面的年际变化率来估算，也可以采用德尔菲法、邀请专家评分来确定。

第二节　水资源承载能力

一、水资源承载能力的概念及内涵

（一）水资源承载能力的概念

目前，关于水资源承载能力的定义并无统一明确的界定，国内有两种不大相同的说法：一种是水资源开发规模论，另一种是水资源支持持续发展能力论。

前者认为，"在一定社会技术经济阶段，在水资源总量的基础上，通过合理分配和有效利用所获得的最合理的社会、经济与环境协调发展的水资源开发利用的最大规模"或"在一定技术经济水平和社会生产条件下，水资源可供给工农业生产、人民生活和生态环境保护等用水的最大能力，即水资源开发容量"。后者认为，水资源的最大开发规模或容量比起水资源作为一种社会发展的"支撑能力"而言，范围要小得多，含义也不尽相同。因此，将水资源承载能力定义为："经济和环境的支撑能力。"前者的观点适于缺水地区，而后者的观点更有普遍的意义。

考虑到水资源承载能力研究的现实与长远意义，对它的理解和界定，要遵循下列原则：第一，必须把它置于可持续发展战略构架下进行讨论，离开或偏离社会持续发展模式是没有意义的；第二，要把它作为生态经济系统的一员，综合考虑水资源对地区人口、资源、环境和经济协调发展的支撑力；第三，要识别水资源与其他资源不同的特点，它既是生命、环境系统不可缺少的要素，又是经济、社会发展的物质基础，既是可再生、流动的、不可浓缩的资源，又是可耗竭、可污染、利害并存和不确定性的资源。水资源承载能力除受自然因素影响外，还受许多社会因素影响和制约，如受社会经济状况、国家方针政策（包括水政策）、管理水平和社会协调发展机制等影响。因此，水资源承载能力的大小是随空间、时间和条件变化而变化的，且具有一定的动态性、可调性和伸缩性。

根据上述认识，水资源承载能力的定义为：某一流域或地区的水资源在某一具体历史发展阶段下，以可预见的技术、经济和社会发展水平为依据，以可持续发展为原则，以维护生态环境良性循环发展为条件，经过合理优化配置，对该流域或地区社会经济发展的最大支撑能力。

可以看出，有关水资源承载能力研究面对的是包括社会、经济、环境、生态、资源在内的错综复杂的大系统。在这个系统内，既有自然因素的影响，又有社会、经济、文化等因素的影响。为此，开展有关水资源承载能力研究工作的学术指导思想，应是建立在社会经济、生态环境、水资源系统的基础上，在资源—资源生态—资源经济科学原理指导下，立足于资源可能性，以系统工程方法为依据进行的综合动态平衡研究。着重从资源可能性出发，回答：一个地区的水资源数量多少，质量如何，在不同时期的可利用水量、可供水量是多少，用这些可利用的水量能够生产出多少工农业产品，人均占有工农业产品的数量是多少，生活水平可以达到什么程度，合理的人口承载量是多少。

（二）水资源承载能力的内涵

从水资源承载能力的含义来分析，至少具有如下几点内涵：

在水资源承载能力的概念中，主体是水资源，客体是人类及其生存的社会经济系统和环境系统，或更广泛的生物群体及其生存需求。水资源承载能力就是要满足客体对主体的需求或压力，也就是水资源对社会经济发展的支撑规模。

水资源承载能力具有空间属性。它是针对某一区域来说的，因为不同区域的水资源量、水资源可利用量、需水量以及社会发展水平、经济结构与条件、生态环境问题等方面可能不同，水资源承载能力也可能不同。因此，在定义或计算水资源承载能力时，首先要圈定研究区范围。

水资源承载能力具有时间属性。在众多定义中均强调"在某一阶段"，这是因为在不同时段内，社会发展水平、科技水平、水资源利用率、污水处理率、用水定额以及人均对水资源的需求量等均有可能不同。因此，在水资源承载能力定义或计算时，也要指明研究时段，并注意不同阶段的水资源承载能力可能有变化。

水资源承载能力对社会经济发展的支撑标准应该以"可承载"为准则。在水资源承载能力概念和计算中，必须回答：水资源对社会经济发展支撑到什么标准时才算是最大限度的支撑。也只有在定义了这个标准后，才能进一步计算水资源承载能力。一般把"维系生态系统良性循环"作为水资源承载能力的基本准则。

必须承认，水资源系统与社会经济系统、生态环境系统之间是相互依赖、相互影响的复杂关系。不能孤立地计算水资源系统对某一方面的支撑作用，而是要把水资源系统与社会经济系统、生态环境系统联合起来进行研究，在水资源—社会经济—生态环境复合大系统中，寻求满足水资源可承载条件的最大发展规模，这才是水资源承载能力。

"满足水资源承载能力"仅仅是可持续发展量化研究可承载准则（可承载准则包括资源可承载、环境可承载。资源可承载又包括水资源可承载、土地资源可承载等）的一部分，它还必须配合其他准则（有效益、可持续），才能保证区域可持续发展。因此，在研究水资源合理配置时，要以水资源承载能力为基础，以可持续发展为准则（包括可承载、有效益、可持续），建立水资源优化配置模型。

（三）水资源承载能力衡量指标

根据对水资源承载能力的概念及内涵的认识，对水资源承载能力可以用三个指标来衡量：

1. 可供水量的数量

地区（或流域）水资源的天然生产力有最大、最小界限，一般以多年平均产出量（水量）表示，其量基本上是个常数，也是区域水资源承载能力的理论极限值，可用总水量、单位水量表示。可供水量是指地区天然的和人工可控的地表与地下径流的一次性可利用的水量，其中包括人民生活用水、工农业生产用水、保护生态环境用水和其他用水等。可供水量的最大值将是供水增长率为零时的相应水量。

2. 区域人口数量限度

在一定生活水平和生态环境质量下，合理分配给人口生活用水、环卫用水所能供养的人口数量的限度，或计划生育政策下，人口增长率为零时的水资源供给能力，也就是水资源能够养活人口数量的限度。

3. 经济增长的限度

在合理分配给国民经济的生产用水增长率为零时，或经济增长率因受水资源供应限制为"零增长"时，国民经济增长将达到最大限度或规模，这就是单项水资源对社会经济发展的最大支持能力。

应该说明，一个地区的人口数量限度和国民经济增长限度，并不完全取决于水资源供应能力。但是，在一定的空间和时间，由于水资源紧缺和匮乏，它很可能是该地区持续发展的"瓶颈"资源，我们不得不早做研究，寻求对策。

二、水资源承载能力研究的主要内容、特性及影响因素

（一）水资源承载能力的主要研究内容

水资源承载能力研究是属于评价、规划与预测一体化性质的综合研究，它以水资源评价为基础，以水资源合理配置为前提，以水资源潜力和开发前景为核心，以系统分析和动态分析为手段，以人口、资源、经济和环境协调发展为目标，由于受水资源总量、社会经济发展水平和技术条件及水环境质量的影响，在研究过程中，必须充分考虑水资源系统、宏观经济系统、社会系统及水环境系统之间的相互协调与制约关系。水资源承载能力的主要研究内容包括：

1. 水资源与其他资源之间的平衡关系：在国民经济发展过程中，水资源与国土资源、矿藏资源、森林资源、人口资源、生物资源、能源等之间的平衡匹配关系。

2. 水资源的组成结构与开发利用方式：包括水资源的数量与质量、来源与组成，水资源的开发利用方式及开发利用潜力，水利工程可控制的面积、水量，水利工程的可供水量、供水保证率。

3. 国民经济发展规模及内部结构：国民经济内部结构包括工农业发展比例、农林牧副渔发展比例、轻工重工发展比例、基础产业与服务业的发展比例等等。

4. 水资源的开发利用与国民经济发展之间的平衡关系：使有限的水资源在国民经济各部门中达到合理配置，充分发挥水资源的配置效率，使国民经济发展趋于和谐。

5. 人口发展与社会经济发展的平衡关系：通过分析人口增长变化趋势、消费水平变化趋势，研究预期人口对工农业产品的需求与未来工农业生产能力之间的平衡关系。

6. 通过上述 5 个层次内容的研究，寻求进一步开发水资源的潜力，提高水资源承载能力的有效途径和措施，探讨人口适度增长、资源有效利用、生态环境逐步改善、经济协调发展的战略和对策。

（二）水资源承载能力的特性

随着科学技术的不断发展，人类适应自然、改造自然的能力逐渐增强，人类生存的环境正在发生重大变化，尤其是近年来，变化的速度渐趋迅速，变化本身也更为复杂。与此同时，人类对于物质生活的各种需求不断增长，因此水资源承载能力在概念上具有动态性、跳跃性、相对极限性、不确定性、模糊性和被承载模式的多样性。

1. 动态性

动态性是指水资源承载能力的主体（水资源系统）和客体（社会经济系统）都随着具体历史的不同发展阶段呈动态变化。水资源系统本身量和质的不断变化，导致其支持能力也相应发生变化，而社会体系的运动使得社会对水资源的需求也是不断变化的。这使得水资源承载能力与具体的历史发展阶段有直接的联系，不同的发展阶段有不同的承载能力，体现在两个方面：一是不同的发展阶段人类开发水资源的能力不同，二是不同的发展阶段人类利用水资源的水平也不同。

2. 跳跃性

跳跃性是指承载能力的变化不仅仅是缓慢的和渐进的，而且在一定的条件下会发生突变。突变可能是由于科学技术的提高、社会结构的改变或者其他外界资源的引入，使系统突破原来的限制，形成新格局。另一种是出于系统环境破坏的日积月累或在外界的极大干扰下引起的系统突然崩溃。跳跃性其实属于动态性的一种表现，但由于其引起的系统状态的变化是巨大的，甚至是突变的，因此有必要专门指出。

3. 相对极限性

相对极限性是指在某一具体的历史发展阶段，水资源承载能力具有最大的特性，即可能的最大承载指标。如果历史阶段改变了，那么水资源的承载能力也会发生一定的变化，因此，水资源承载能力的研究必须指明相应的时间断面。相对极限性还体现在水资源开发利用程度是绝对有限的，水资源利用效率是相对有限的，不可能无限制地提高和增加。当社会经济和技术条件发展到较高阶段时，人类采取最合理的配置方式，使区域水资源对经济发展和生态保护达到最大支撑能力，此时的水资源承载能力达到极限理论值。

4. 不确定性

不确定性的原因既可能来自承载能力的主体也可能来自承载能力客体。水资源系统本身受天文、气象、下垫面以及人类活动的影响，造成水文系列的变异，使人们对它的预测目前无法达到确定的范围。区域社会和经济发展及环境变化，是一个更为复杂的系统，决定着需水系统的复杂性及不确定性。两方面的因素加上人类对客观世界和自然规律认识的局限性，决定了水资源承载能力的不确定性，同时决定了它在具体的承载指标上存在着一定的模糊性。

5. 模糊性

模糊性是指由于系统的复杂性和不确定因素的客观存在以及人类认识的局限性，决定了水资源承载能力在具体的承载指标上存在着一定的模糊性。

6. 被承载模式的多样性

被承载模式的多样性也就是社会发展模式的多样性。人类消费结构不是固定不变的，而是随着生产力的发展而变化的，尤其是在现代社会中，国与国、地区与地区之间的经贸关系弥补了一个地区生产能力的不足，使得一个地区可以不必完全靠自己的生产能力生产自己的消费产品，因此社会发展模式不是唯一的。如何利用有限的水资源支持适合自己条件的社会发展模式则是水资源承载能力研究不可回避的决策问题。

（三）水资源承载能力的影响因素

通过水资源承载能力的概念和内涵分析看出，水资源承载能力研究涉及社会、经济、环境、生态、资源等在内的纷繁复杂的大系统，在这个大系统中的每个子系统既有各自独特的运作规律，又相互联系、相互依赖，因此涉及的问题和因素比较多，但影响水资源承载能力的主要因素可以总结为七方面：

1. 水资源的数量、质量及开发利用程度

由于自然地理条件的不同，水资源在数量上都有其独特的时空分布规律，在质量上也有差异，如地下水的矿化度、埋深条件，水资源的开发利用程度及方式也会影响可以用来进行社会生产的可利用水资源的数量。

2. 生产力水平

在不同的生产力水平下利用单方水可生产不同数量和不同质量的工农业产品，因此在研究某一地区的水资源承载能力时必须估测现状与未来的生产力水平。

3. 消费水平与结构

在社会生产能力确定的条件下，消费水平及结构将决定水资源承载能力的大小。

4. 科学技术

科学技术是生产力，高新技术将对提高工农业生产水平具有不可低估的作用，进而对提高水资源承载能力产生重要影响。

5. 人口数量

社会生产的主体是人，水资源承载能力的对象也是人，因此，人口与水资源承载能力具有互相影响的关系。

6. 其他资源潜力

社会生产不仅需要水资源，还需要其他诸如矿藏、森林、土地等资源的支持。

7. 政策、法规、市场、传统、心理等因素

一方面，政府的政策法规、商品市场的运作规律及人文关系等因素会影响水资源承载能力的大小；另一方面，水资源承载能力的研究成果又会对它们产生反作用。

三、水资源承载能力与相关研究领域之间的关系

（一）与土地资源承载能力的关系

水资源承载能力主要用于研究缺水地区特别是干旱、半干旱地区的工农业生产乃至整个社会经济发展时，对水资源供需平衡与环境的分析评价。到目前为止，国际上很少有专门以水资源承载能力为专题的研究报道，大都将其纳入可持续发展的范畴，进行水资源可持续利用与管理的研究。我国面临巨大的人口和水资源短缺压力，因此，专门提出"水资源承载能力"的问题，并正成为水资源领域的一个新的研究热点。

土地资源承载能力研究的核心是土地生产能力，水资源承载能力研究的核心是水资源生产能力，土地资源生产能力与水资源生产能力也有所不同。可以这样认为，土地资源生产能力研究的重点是农产品的生产量，因而土地资源承载能力是在温饱水平上的承载能力；由于水资源不仅涉及农业生产，而且还涉及工业生产、环境保护等方面，因此，水资源承载能力对承载人口的生活水平有更全面的把握。

应该说，研究一个地区的水土资源承载能力才是比较客观、比较全面的，对于制定社会经济发展策略具有更加现实的意义。但是，不同地区具有不同的自然地理条件，制约社会经济发展的因素也有不同的体现。我国江南地区水资源丰富，但人口密集，缺乏耕地，

相对来说土地资源承载能力研究具有更重要的意义。当然，水资源承载能力与土地资源承载能力也是相辅相成的，二者不能完全割裂开来，即研究土地资源承载能力时不能忽略水的供需平衡问题，研究水资源承载能力时也不能不考虑耕地的发展问题。

（二）　与水资源合理配置和生态环境保护的关系

水资源是人类生产与生活的重要物质基础。随着社会的不断进步和生产的不断发展，人们对水的质量和数量的需求也会越来越高。另外，自然界所能提供的可用水资源量是有一定限度的，需求与供给间的矛盾将日趋尖锐，国民经济内部有用水矛盾，国民经济发展与生态环境保护之间也有用水矛盾。如何充分开发利用有限的水资源，最大限度地为国民经济发展和生态环境保护服务则成为各级政府部门所关心的问题，也是水资源合理配置研究的主题。

对于我国，特别是华北地区和西北地区，实施水资源合理配置具有更大的紧迫性。其主要原因：一是水资源的天然时空分布与生产力布局严重不相适应，二是在地区间和各用水部门间存在着很大的用水竞争性，三是近年来的水资源开发利用方式已经导致产生许多生态环境问题。上述原因不仅是实施水资源合理配置的必要条件，更是保证合理配置收到较好经济、生态、环境与社会效益的客观基础。

水资源合理配置研究和水资源承载能力研究互为前提。水资源配置方案的合理性应体现三方面，即国民经济发展的合理性、生态环境保护目标的合理性，以及水资源开发利用方式的合理性。在得出合理的水资源配置方案之后，方可进行水资源承载能力研究，继而按照承载能力研究的结论修正水资源的配置方案，这样周而复始，多次反馈迭代之后，才能得出真正意义上的水资源合理配置方案和承载能力。

（三）　与可持续发展的关系

可持续发展观念于 1992 年在全世界范围内提出，我国于 1994 年普遍接受；水资源合理配置概念是在 20 世纪 90 年代初提出的，并开始逐步应用于水资源规划与管理之中；水资源承载能力概念是在 80 年代末提出的，虽然在我国北方部分地区进行了探索性研究，但水资源承载能力概念与理论还只是处于萌芽阶段。严格地说，承载能力概念提出略早，合理配置略迟，可持续发展最后。这几个概念几乎同时被提出来不是历史的偶然，而是历史的必然，是人类通过近一个世纪以来的社会实践总结出来的，这说明人类已经认识到环境资源是有价值的，而且是有限的。

这几个概念本质上是相辅相成的，都是针对当代人类所面临的人口、资源、环境方面的现实问题，都强调发展与人口、资源、环境之间的关系，但是侧重点有所不同，可持续观念强调了发展的公平性、可持续性以及环境资源的价值观，合理配置强调了环境资源的有效利用，承载能力强调了发展的极限性。

可持续发展是一种哲学观，关于自然界和人类社会发展的哲学观。可持续发展是水资源合理配置与承载能力理论研究的指导思想。水资源合理配置与承载能力理论研究是可持续发展理论在水资源领域中的具体体现和具体应用，其中合理配置是可持续发展理论的技术手段，承载能力是可持续发展理论的结论。也就是说，水资源开发利用只有在进行了合理配置和承载能力研究之后才是可持续的，反之，要想使水资源开发利用达到可持续，必须进行合理配置和承载能力研究。

四、水资源承载能力指标体系

（一）建立指标体系的指导思想

可持续发展指标体系既是可持续发展决策的重要工具，又是对可持续进行科学评价和决策支持系统的一个重要组成部分。可持续发展指标体系的功能有三方面：一是描述和反映任何一个时间点上（或时期）的经济、社会、人口、环境、资源等各方面可持续发展的水平或状况，二是评价和监测一定时期内以上各方面可持续发展的趋势及速度，三是综合测度可持续发展整体的各个领域之间的协调程度。

综上所述，建立水资源承载能力指标体系的指导思想是从我国水资源短缺这个基本国情出发，借鉴国外或国内其他部门的先进经验，建立具有实际操作意义的、全面反映我国社会经济和生态环境可持续发展状况与进程、水资源可持续开发的状况与进程及它们之间相互协调程度的指标体系及评价方法，科学地指导水资源管理。

（二）建立指标体系的基本原则

为适应我国可持续发展战略的需要，《中国 21 世纪议程》已经决定全面实行可持续发展战略，水资源管理领域也要按照总体战略的要求建立自己的发展战略和指标体系。

科学性原则：即按照科学的理念，也就是可持续发展理论定义指标的概念和计算方法。

整体性原则：即水资源承载能力指标体系既要有反映社会、经济、人口，又要有反映生态、环境、资源等系统的发展指标，还要有反映上述各系统相互协调程度的指标。

动态性与静态性相结合原则：即指标体系既反映系统的发展状态，又反映系统的发展过程。

定性与定量相结合原则：指标体系应尽量选择可量化指标，难以量化的重要指标可以采用定性描述指标。

可比性原则：即指标尽可能采用标准的名称、概念、计算方法，做到与国际指标的可比性，同时又要考虑我国的历史情况。

可行性原则：指标体系要充分考虑到资料的来源和现实可能性。

（三）水资源承载能力评价指标体系

水资源承载能力评价指标体系是对在不同时段、不同策略下水资源承载能力进行综合评判的工具。根据水资源承载力的影响因素、建立指标体系的指导思想及指标选定原则，从水资源可供水量、需水量，社会经济承载能力，承载人口能力，水环境容量等方面，综合考虑建立水资源承载能力评价体系，并采用层次分析方法进行评价，根据各指标的隶属关系及每个指标类型，将各个指标划分为不同层次，建立层次的递阶结构和从属关系。衡量水资源承载能力的最终指标是区域水资源某一发展阶段下，维护良好生态环境所能承载的最大人口数量与经济规模。

五、水资源承载能力研究方法及展望

（一）水资源承载能力的研究方法

目前，水资源承载能力的研究主要方法有主成分分析法、神经网络法、系统动力学法（SD）、模糊评价分析法、集对分析法等。系统动力学法作为水资源承载力研究的有效方法之一，能够处理社会、经济、生态环境等高度非线性、高阶次、多变量、多重反馈等复杂时变的系统问题，较好地揭示水资源系统与各因子之间的反馈关系，易于建模并进行动态计算，进而结合宏观政策、需水驱动、制约等因素模拟各种决策方案，清晰地反映人口、资源、环境与经济发展的动态响应关系。由于水资源承载力受人类活动和气候变化等因素的影响，因此水资源系统具有多重不确定性，如经济、人口等规模不确定性导致的用水量不确定性以及由降水过程的随机分布造成的来水量不确定性等，进而影响水资源供需结构的不确定性。区间分析法以区间来实现对数据的存储与计算，运行结果包含所有可能的真实值，可以有效地界定函数范围；利用区间表示数据不确定性，可以解决参数不确定性问题。

尽管以往水资源承载能力在研究方法等方面取得了一定的进展，但仍存在一些问题，如对水资源承载能力本身的认识和研究还欠深入，缺乏能够同时描述水资源承载能力的复杂性、随机性和模糊性的综合模型；对量化水资源承载能力模型指标体系中定性指标的研究不够充分，缺乏系统的、有效的定性指标量化的方法，目前的量化模型主要是以社会为承载目标（人口和经济），而对水资源维持其自身更新和生态环境的能力研究较少；另外，水资源开发利用的风险对水资源承载能力的影响还研究得不够；等等。

（二）水资源承载能力研究展望

根据水资源承载能力研究的进展以及发展的要求，今后水资源承载能力研究主要集中在以下几方面：

1. 以资源的可持续利用为中心，研究区域水资源的承载能力

可持续发展的核心是指人类的经济和发展不能超越资源与环境的承载能力，主张人类之间及人类与自然之间和谐相处。对水资源来说，就是将水资源的开发利用提高到人口、经济、资源和环境四者协调发展的高度认识。水资源开发利用必须与可持续发展统一起来。水资源对社会经济的承载能力是维持水资源供需平衡的基础，也是可持续发展的重要指标之一。

2. 由静态分析走向动态预测，日趋模式化

一般认为，我国水资源承载能力的研究源于20世纪80年代中后期，以新疆水资源软科学课题研究组为先，开始了对水资源承载能力的定量描述，但这是一种静态分析，直到系统动力学的方法得到了广泛应用之后，才促使水资源承载能力走向动态预测研究。随着水资源承载能力研究的不断深入，在计算机技术支持下，各种数理方法进入承载能力研究领域，模式趋向日益普遍，如系统动力学模型、多目标规划模型、目标规划模型、模糊评价模型、层次分析模型和主成分分析模型等。数学模型的大量采用，极大地提高了水资源承载能力研究的定量化水平和精确程度，促使承载能力的研究更加结合和深入。

3. 大系统、多目标综合研究趋势

水资源系统本身是一个高度复杂的非线性系统，其功能与作用是多方面、多层次的。影响水资源承载能力的因素，不仅包含资源的量与质，而且还包括政策、法规、经济和技术水平、人口状况、生态环境状况和水资源综合管理水平等。因此，那些能够包含影响水资源承载能力的众多因素的量化方法将会为社会经济、人口发展规划决策提供更切合实际、更加准确的依据。

4. 量化模型趋于随机、动态化

由于水资源本身就是随机多变的，系统的输入及作用于系统的环境是随机的，而且数

据观测、计算误差波动也是随机的。就某一区域而言，水资源的承载力不是静态的，而是变化的、动态的。随着水资源管理水平的提高，水资源的深度开发（污水资源化等）及节水技术和节水意识的提高，即使在资源量不变的情况下，水资源承载能力也将会增大；反之，由于污染、过度开发等使水资源退化，将导致水资源承载能力的下降。所以，随机动态的水资源承载能力量化模型更为现实逼真。

5. 水资源承载能力和环境人口容量之类的研究日趋活跃

水资源承载能力研究仅限于水资源对人口和经济的载量，特别是水资源与人口协调关系，具有很大的片面性和局限性。承载能力研究的根本目标在于找到一整套资源开发利用的措施或方案，使之既能满足社会需求，又能在政治上、经济上可行，在环境方面以稳妥的速度开发利用自然资源，以达到可持续发展。因此，从整体上进行包括能源与其他自然资源以及智力、技术等在内的资源承载能力研究更具有现实意义。

6. 特定地区（特别是生态脆弱地区）的水资源承载能力研究受到重视

例如，绿洲水资源承载能力将在干旱区得到进一步丰富与发展。随着干旱区社会经济的发展，特殊的自然与生态环境使得干旱区面临着比其他地区更为严峻的资源与环境问题，承载能力理念逐渐引入绿洲，产生了"绿洲承载能力"的概念。

第三节　水资源利用工程

一、地表水资源利用工程

（一）地表水取水构筑物的分类

地表水取水构筑物的形式应适应特定的河流水文、地形及地质条件，同时应考虑到取水构筑物的施工条件和技术要求。由于水源自然条件和用户对取水的要求各不相同，因此，地表水取水构筑物有多种不同的形式。

地表水取水构筑物按构造形式可分为固定式取水构筑物、活动式取水构筑物和山区浅水河流取水构筑物三大类，每一类又有多种形式，各自具有不同的特点和适用条件。

1. 固定式取水构筑物

固定式取水构筑物按照取水点的位置，可分为岸边式、河床式和斗槽式；按照结构类型，可分为合建式和分建式；河床式取水构筑物按照进水管的形式，可分为自流管式、虹吸管式、水泵直接吸水式、桥墩式；按照取水泵型及泵房的结构特点，可分为干式、湿式泵房和淹没式、非淹没式泵房；按照斗槽的类型，可分为顺流式、逆流式、侧坝进水逆流式和双向式。

2. 活动式取水构筑物

活动式取水构筑物可分为缆车式和浮船式。缆车式按坡道种类可分为斜坡式和斜桥式。浮船式按水泵安装位置可分为上承式和下承式，按接头连接方式可分为阶梯式连接和摇臂式连接。

3. 山区浅水河流取水构筑物

山区浅水河流取水构筑物包括底栏栅式和低坝式。低坝式可分为固定低坝式和活动低坝式（橡胶坝、浮体闸等）。

（二）取水构筑物形式的选择

取水构筑物形式的选择，应根据取水量和水质要求，结合河床地形及地质、河床冲淤、水深及水位变幅、泥沙及漂浮物、冰情和航运等因素，并充分考虑施工条件和施工方法，在保证安全可靠的前提下，通过技术经济比较确定。

取水构筑物在河床上的布置及其形状的选择，应考虑取水工程建成后不致因水流情况的改变而影响河床的稳定性。

在确定取水构筑物形式时，应根据所在地区的河流水文特征及其他一些因素，选用不同特点的取水形式。西北地区常采用斗槽式取水构筑物，以减少泥沙和防止冰凌；对于水位变幅特大的重庆地区常采用土建费用省、施工方便的湿式深井泵房；广西地区对能节省土建工程量的淹没式取水泵房有丰富的实践经验；中南、西南地区很多工程采用了能适应水位涨落、基建投资省的活动式取水构筑物；山区浅水河床上常建造低坝式和底栏栅式取水构筑物。

随着我国供水事业的发展，在各类河流、湖泊和水库兴建了许多不同规模、不同类型的地面水取水工程，如合建和分建岸边式、合建和分建河床式、低坝取水式、深井取水式、双向斗槽取水式、浮船或缆车移动取水式等。

1. 在游荡型河道上取水

在游荡型河道上取水要比在稳定河道上取水难得多。游荡型河段河床经常变迁不定，必须充分掌握河床变迁规律，分析变迁原因，顺乎自然规律选定取水点，修建取水工程，

应慎重采取人工导流措施。内蒙古包头兴建规模为 12 m^3/s 的取水工程，采用了两座桥墩式取水构筑物。

2. 在水位变幅大的河道取水

我国西南地区如四川很多河流水位变幅都在 30 m 以上，在这种河道上取水，当供水量不太大时，可以采用浮船式取水构筑物。因活动式取水构筑物安全可靠性较差，操作管理不便，因此可以采用湿式竖井泵房取水，不仅泵房面积小，而且操作较为方便。

3. 在含沙量大及冬季有潜冰的河道上取水

黄河是举世闻名、世界仅有的高含沙量河流，为了减少泥沙的进入，兰州市水厂采用了斗槽式取水构筑物，该斗槽的特点是在其上、下游均设进水口，平时运行由下游斗槽口进水，这样夏季可减少含砂量进入，冬季可使水中的潜冰土浮在斗槽表面，防止潜冰进入取水泵。上游进水口设有闸门，当斗槽内积泥沙较多时，可提闸冲沙。

（三）地表水取水构筑物位置的选择

在开发利用河水资源时，取水地点（即取水构筑物位置）的选择是否恰当，直接影响取水的水质、水量、安全可靠性及工程的投资、施工、管理等。因此应根据取水河段的水文、地形、地质及卫生防护、河流规划和综合利用等条件全面分析，综合考虑。地表水取水构筑物位置的选择，应根据下列基本要求，通过技术经济比较确定：

1. 取水点应设在具有稳定河床、靠近主流和有足够水深的地段

取水河段的形态特征和岸形条件是选择取水口位置的重要因素，取水口位置应选在比较稳定、含沙量不太高的河段，并能适应河床的演变。不同类型河段适宜的取水位置如下：

（1）顺直河段

取水点应选在主流靠近岸边、河床稳定、水深较大、流速较快的地段，通常也就是河流较窄处，在取水口处的水深一般要求不小于 2.5m。

（2）弯曲河段

如前所述，弯曲河道的凹岸在横向环流的作用下，岸陡水深，泥沙不易淤积，水质较好，且主流靠近河岸，因此凹岸是较好的取水地段。但取水点应避开凹岸主流的顶冲点（即主流最初靠近凹岸的部位），一般可设在顶冲点下游 15～20m，同时也是冰水分层的河段。因为凹岸容易受冲刷，所以需要一定的护岸工程。为了减少护岸工程量，也可以将取水口设在凹岸顶冲点的上游处。具体如何选择，应根据取水构筑物的规模和河岸地质情况确定。

（3）游荡型河段

在游荡型河段设置取水构筑物，特别是固定式取水构筑物比较困难，应结合河床、地形、地质特点，将取水口布置在主流线密集的河段上，必要时需改变取水构筑物的形式或进行河道整治以保证取水河段的稳定性。

（4）有边滩、沙洲的河段

在这样的河段上取水，应注意了解边滩和沙洲形成的原因、移动的趋势和速度，不宜将取水点设在可移动的边滩、沙洲的下游附近，以免被泥沙堵塞，一般应将取水点设在上游距沙洲 500 m 以外处。

（5）有支流汇入的顺直河段

在有支流汇入的河段上，由于干流、支流涨水的幅度和先后次序不同，容易在汇入口附近形成"堆积锥"，因此取水口应离开支流入口处上下游有足够的距离，一般取水口多设在汇入口干流的上游河段上。

2. 取水点应尽量设在水质较好的地段

为了取得较好的水质，取水点的选择应注意以下几点：

（1）生活污水和生产废水的排放常常是河流污染的主要原因，因此供生活用水的取水构筑物应设在城市和工业企业的上游，距离污水排放口上游 100 m 以外，并应建立卫生防护地带。如岸边有污水排放，水质不好，则应伸入江心水质较好处取水。

（2）取水点应避开河流中的回流区和死水区，以减少水中泥沙、漂浮物进入和堵塞取水口。

（3）在沿海地区受潮汐影响的河流上设置取水构筑物时，应考虑到海水对河水水质的影响。

3. 取水点应设在具有稳定的河床及岸边

取水构筑物应尽量设在地质构造稳定、承载力高的地基上，这是构筑物安全稳定的基础。断层、流沙层滑坡、风化严重的岩层、岩溶发育地段及有地震影响地区的陡坡或山脚下，不宜建取水构筑物。此外，取水口应考虑选在对施工有利的地段，不仅要交通运输方便，有足够的施工场地，而且要有较少的土石方量和水下工程量。因为水下施工不仅困难，而且费用甚高，所以应充分利用地形，尽量减少水下施工量以节省投资、缩短工期。

4. 取水点应尽量靠近主要用水区

取水点的位置应尽可能与工农业布局和城市规划相适应，并全面考虑整个给水系统的合理布置，在保证安全取水的前提下尽可能靠近主要用水地区，以缩短输水管线的长度，减少输水的基建投资和运行费用。此外，应尽量减少穿越河流、铁路等障碍物。

5. 取水点应避开人工构筑物和天然障碍物的影响

河流上常见的人工构筑物有桥梁、丁坝、码头、拦河闸坝等，天然障碍物有突出河岸的陡崖和石嘴等。它们的存在常常改变河道的水流状态，引起河流变化，并可能使河床产生沉积、冲刷和变形，或者形成死水区，因此选择取水口位置时，应对此加以分析，尽量避免各种不利因素。

6. 取水点应尽可能不受泥沙、漂浮物、冰凌、冰絮、支流和咸潮等影响

取水口应设在不受冰凌直接冲击的河段，并应使冰凌能顺畅地顺流而下。在冰冻严重的地区，取水口应选在急流、冰穴、冰洞及支流入口的上游河段；有流冰的河道，应避免将取水口设在流冰易于堆积的浅滩、沙洲、回流区和桥孔的上游附近；在流冰较多的河流中取水，取水口宜设在冰水分层的河段，从冰层下取水。

7. 取水点的位置应与河流的综合利用相适应

选择取水地点时，应注意河流的综合利用，如航运、灌溉、排灌等。同时，还应了解在取水点的上下游附近近期内拟建的各种水工构筑物（堤坝、丁坝及码头等）和整治河道的规划，以及对取水构筑物可能产生的影响。

（四）地表水取水构筑物设计的一般原则

在地表水取水构筑物的设计中，应遵守以下原则：

1. 从江河取水的大型取水构筑物，在下列情况下应在设计前进行水工模型试验：

（1）当大型取水构筑物的取水量占河道最枯流量的比例较大时。

（2）由于河道及水文条件复杂，需采取复杂的河道整治措施时。

（3）设置塞水构筑物的情况复杂时。

（4）拟建的取水构筑物对河道会产生影响，需采取相应的有效措施时。

2. 城市供水水源的设计枯水流量保证率一般可采用90%~97%，设计枯水位的保证率一般可采用90%~99%。

3. 取水构筑物应根据水源情况，采取防止下列情况发生的相应保护措施：

（1）漂浮物、泥沙、冰凌、冰絮和水生生物的阻塞。

（2）洪水冲刷、淤积、冰冻层挤压和雷击的破坏。

（3）冰凌、木筏和船只的撞击。

4. 江河取水构筑物的防洪标准不应低于城市防洪标准，其设计洪水重现期不得低于100年。

5. 取水构筑物的冲刷深度应通过调查与计算确定，并应考虑汛期高含沙水流对河床的局部冲刷和"揭底"问题，大型重要工程应进行水工模型试验。

6. 在通航河道上，应根据航运部门的要求在取水构筑物处设置标志。

7. 在黄河下游淤积河段设置的取水构筑物，应预留设计使用年限内的总淤积高度，并考虑淤积引起的水位变化。

8. 在黄河河道上设置取水与水工构筑物时，应征得河务及有关部门的同意。

二、地下水资源利用工程

（一）地下水取水构筑物的分类

从地下含水层取集表层渗透水、潜水、承压水和泉水等地下水的构筑物，有管井、大口井、辐射井、渗渠、泉室等类型。

管井：目前应用最广的形式，适用于埋藏较深、厚度较大的含水层。一般用钢管做井壁，在含水层部位设滤水管进水，防止砂砾进入井内。管井口径通常在500 mm以下，深几十米至百余米，甚至几百米。单井出水量一般为每日数百至数千立方米。管井的提水设备一般为深井泵或深井潜水泵。管井常设在室内。

大口井：也称宽井，适用于埋藏较浅的含水层。井的口径通常为3～10 m。井身用钢筋混凝土、砖、石等材料砌筑。取水泵房可以和井身合建也可分建，也有几个大口井用虹吸管相连通后合建一个泵房的。大口井由井壁进水或与井底共同进水，井壁上的进水孔和井底均应填铺一定级配的砂砾滤层，以防取水时进砂。单井出水量一般较管井为大。中国东北地区及铁路供水应用较多。

辐射井：适用于厚度较薄、埋深较大、砂粒较粗而不含漂卵石的含水层。从集水井壁上沿径向设置辐射井管借以取集地下水的构筑物。辐射管口径一般为100～250 mm，长度为10～30 m。单井出水量大于管井。

渗渠：适用于埋深较浅、补给和透水条件较好的含水层。利用水平集水渠以取集浅层地下水或河床、水库底的渗透水的取水构筑物。由水平集水渠、集水井和泵站组成，集水渠由集水管和反滤层组成，集水管可以为穿孔的钢筋混凝土管或浆砌块石暗渠。集水管口径一般为0.5～1.0 m，长度为数十米至数百米，管外设置由砂子和级配砾石组成的反滤层，出水量一般为20～30 m³／（m·d）。

泉室：取集泉水的构筑物，对于由下而上涌出地面的自流泉，可用底部进水的泉室，其对于从倾斜的山坡或河谷流出的潜水泉，可用侧面进水的泉室。泉室可用砖、石、钢筋混凝土结构，应设置溢水管、通气管和放空管，并应防止雨水的污染。

（二）　地下水水源地的选择

水源地的选择，对于大中型集中供水，关键是确定取水地段的位置与范围；对于小型分散供水而言，则是确定水井的井位。它不仅关系到水源地建设的投资，而且关系到是否能保证水源地长期经济、安全地运转和避免产生各种不良环境地质作用。

水源地选择是在地下水勘查基础上，由有关部门批准后确定的。

1. 集中式供水水源地的选择

进行水源地选择，首先考虑的是能否满足需水量的要求，其次是它的地质环境与利用条件。

（1）水源地的水文地质条件

取水地段含水层的富水性与补给条件，是地下水水源地的首选条件。因此，应尽可能选择在含水层层数多、厚度大、渗透性强、分布广的地段上取水，如选择冲洪积扇中上游的砂砾石带和轴部、河流的冲积阶地和高漫滩、冲积平原的古河床、厚度较大的层状与似层状裂隙和岩溶含水层、规模较大的断裂及其他脉状基岩含水带。

在此基础上，应进一步考虑其补给条件。取水地段应有较好的汇水条件，应是可以最大限度地拦截区域地下径流的地段或接近补给水源和地下水的排泄区；应是能充分夺取各种补给量的地段。例如在松散岩层分布区，水源地尽量靠近与地下水有密切联系的河流岸边；在基岩地区，应选择在集水条件最好的背斜倾没端、浅埋向斜的核部、区域性阻水界面迎水一侧；在岩溶地区，最好选择在区域地下径流的主要径流带的下游，或靠近排泄区附近。

（2）水源地的地质环境

在选择水源地时，要从区域水资源综合平衡观点出发，尽量避免出现新旧水源地之间、工业和农业用水之间、供水与矿山排水之间的矛盾。也就是说，新建水源地应远离原有的取水或排水点，减少互相干扰。

为保证地下水的水质，水源地应远离污染源，选择在远离城市或工矿排污区的上游，应远离已污染（或天然水质不良）的地表水体或含水层的地段，避开易于使水井淤塞、涌砂或水质长期混浊的流砂层或岩溶充填带。在滨海地区，应考虑海水入侵对水质的不良影响，为减少垂向污水渗入的可能性，最好选择在含水层上部有稳定隔水层分布的地段。

此外，水源地应选在不易引起地面沉降、塌陷、地裂等有害工程地质作用的地段上。

（3）水源地的经济性、安全性和扩建前景

在满足水量、水质要求的前提下，为节省建设投资，水源地应靠近供水区，少占耕地；为降低取水成本，应选择在地下水浅埋或自流地段；河谷水源地要考虑水井的淹没问题；人工开挖的大口径取水工程，则要考虑井壁的稳固性。当有多个水源地方案可供比较时，未来扩大开采的前景条件，也常常是必须考虑的因素之一。

2. 小型分散式水源地的选择

以上集中式供水水源地的选择原则，对于基岩山区裂隙水小型水源地的选择，也基本上是适合的，但在基岩山区，由于地下水分布极不普遍和均匀，水井的布置将主要取决于强含水裂隙带的分布位置。此外，布井地段的地下水位埋深、上游有无较大的补给面积、地下水的汇水条件及夺取开采补给量的条件也是确定基岩山区水井位置时必须考虑的条件。

（三）地下水取水构筑物的适用条件

正确设计取水构筑物，对最大限度截取补给量、提高出水量、改善水质、降低工程造价影响很大。

正如前所述，地下水取水构筑物有垂直的管井、大口井、辐射井、复合井和水平的渗渠等类型，由于类型不同，其适用条件具有较大的差异性。其中管井用于开采深层地下水，井深一般在 300 m 以内，最大开采深度可达 1000 m 以上；大口井广泛用于取集井深 20 m 以内的浅层地下水；渗渠主要用于地下水埋深小于 2 m 的浅层地下水，或取集河床地下水；辐射井一般用于取集地下水埋藏较深、含水层较薄的浅层地下水，它由集水井和若干从集水井周边向外敷设的辐射形集水管组成，可以克服上述条件下大口井效率低、渗渠施工困难等不足；复合井为大口井与管井的组合，即上部为大口井，下部为管井，它常常用于同时集取上部孔隙潜水和下部厚层高水位承压水，以增加出水量和改良水质。

我国地域辽阔，水资源状况差异悬殊，地下水类型、埋藏深度、含水层性质等取水条件以及取材、施工条件和供水要求各不相同，开采取集地下水的方法和取水构筑物的选择必须因地制宜。管井具有对含水层的适应能力强、施工机械化程度高、效率高、成本低等优点，在我国应用最广；其次是大口井；辐射井适应性虽强，但施工难度大；复合井在一些水资源不很充裕的中小城镇和不连续供水的铁路供水站中被较多地应用；渗渠在东北、西北一些分布季节性河流的山区及山前地区应用较多。

此外，在我国一些严重缺水的山区，为了解决水源问题，当地人们创造了很多特殊而有效开采和取集地下水的方法，如岩溶缺水山区规模巨大的探采结合的取水斜井等。

第四节　水资源保护

　　水为人类社会进步、经济发展提供必要的基本物质保证的同时，施加于人类诸如洪涝、疾病等各种无情的自然灾害，对人类的生存构成极大威胁，人的生命财产遭受到难以估量的损失。长期以来，由于人类对水认识上存在的误区，认为水是取之不尽、用之不竭的最廉价资源，无序的掠夺性开采与不合理利用现象十分普遍，由此产生了一系列水及与水资源有关的环境、生态和地质灾害问题，严重制约了工业生产发展和城市化进程，威胁着人类的健康和安全。目前，在水资源开发利用中表现出水资源短缺、生态环境恶化、地质环境不良、水资源污染严重、"水质型"缺水显著、水资源浪费巨大。显然，水资源的有效保护、水污染的有效控制已成为人类社会持续发展的一项重要的课题。

一、水资源保护的概念

　　水资源保护，从广义上应该涉及地表水和地下水水量与水质的保护与管理两个方面。也就是通过行政的、法律的、经济的手段，合理开发、管理和利用水资源，保护水资源的质、量供应，防止水污染、水源枯竭、水流阻塞和水土流失，以满足社会实现经济可持续发展对淡水资源的需求。在水量方面，尤其要全面规划、统筹兼顾、综合利用、讲求效益、发挥水资源的多种功能，同时，也要顾及环境保护要求和改善生态环境的需要；在水质方面，必须减少和消除有害物质进入水环境，防治污染和其他公害，加强对水污染防治的监督和管理，维持水质良好状态，实现水资源的合理利用与科学管理。

二、水资源保护的任务和内容

　　城市人口的增长和工业生产的发展，给许多城市水资源和水环境保护带来很大压力。农业生产的发展要求灌溉水量增加，对农业节水和农业污染控制与治理提出更高的要求。实现水资源的有序开发利用、保持水环境的良好状态是水资源保护管理的重要内容和首要任务。具体为：

　　1. 改革水资源管理体制并加强其能力建设，切实落实与实施水资源的统一管理，有效合理分配。

　　2. 提高水污染控制和污水资源化的水平，保护与水资源有关的生态系统。实现水资源的可持续利用，消除次生的环境问题，保障生活、工业和农业生产的安全供水，建立安全供水的保障体系。

3. 强化气候变化对水资源的影响及其相关的战略性研究。

4. 研究和开发与水资源污染控制和修复有关的现代理论、技术体系。

5. 强化水环境监测，完善水资源管理体制与法律法规，加大执法力度，实现依法治水和管水。

三、水资源保护措施

（一）加强水资源保护立法，实现水资源的统一管理

1. 行政管理

建立高效有力的水资源统一管理行政体系，充分体现和行使国家对水资源的统一管理权，破除行业、部门、地区分割，形成跨行业、跨地区、跨部门的地表水与地下水统一管理的行政体系。

同时进一步明确统一管理与分级管理的关系、流域管理与区域管理的关系、兴利与除害的关系等，建立一个以水资源国家所有权为中心，分级管理、监督到位、关系协调、运行有效，对水资源开发、利用、保护实施全过程动态调控的水资源统一管理体制。

2. 立法管理

依靠法治实现水资源的统一管理，是一种新的水资源管理模式，它的基本要求就是必须具备与实现统一管理相适应的法律体系与执法体系。

（二）节约用水，提高水的重复利用率

节约用水、提高水的重复利用率是克服水资源短缺的重要措施。工业、农业和城市生活用水具有巨大的节水潜力。在节水方面，世界上一些发达国家取得了重大进展。

农业是水的最大用户，占总用水量的80%左右，世界各国的灌溉效率如能提高10%，就能节省出足以供应全球居民的生活用水量。采用传统的漫灌和浸灌方式，水的渗漏损失率高达50%左右，而现代化的滴灌和喷灌系统，水的利用效率可分别达到90%和70%以上。

（三）综合开发地下水和地表水资源

地下水和地表水都参加水文循环，在自然条件下，可相互转化。但是，过去在评价一

个地区的水资源时，往往分别计算地表径流量和地下径流量，以二者之和作为该地区水资源的总量，造成了水量计算上的重复。

（四）强化地下水资源的人工补给

地下水人工补给，又称为地下水人工回灌、人工引渗或地下水回注，是借助某些工程设施将地表水自流或用压力注入地下含水层，以便增加地下水的补给量，达到调节控制和改造地下水体的目的。地下水人工回灌能有效地防止地下水位下降，控制地面下降；在含水层中建立淡水帷幕，防止海水或污水入侵；改变地下水的温度，保持地热水、天然气含气层或石油层的压力；处理地面径流，排泄洪水；利用地层的天然自净能力，处理工业污水，使废水更新。

（五）建立有效的水资源保护带

为了从根本上解决我国水资源质量的保护问题，应当建立有效的不同规模、不同类型的水资源质量保护区（或带），采取切实可行的法律与技术的保护措施，防止水资源质量的恶化和水源的污染，实现水资源的合理开发与利用。

（六）强化水体污染的控制与治理

1. 地面水体污染控制与治理

由于工业和生活污水的大量、持久的排放，以及农业面源和水土流失的影响，造成地面水体的高富营养化，地下水体有毒有害污染物的污染，严重影响和危害生态环境和人类的身体健康。对于污染水体的控制与治理，主要是减少污水排放。大多数国家和地区根据水源污染控制与治理的法律法规，通过制定减少营养物和工厂有毒物排放标准和目标，设立实现减排的污水处理厂，改造给、排水系统等基础设施建设，利用物理、化学和生物技术加强水质的净化处理，加大污水排放和水源水质监测的力度。对于量大面广的农业面源，通过制订合理的农业发展规划、有效的农业结构调整、有机和绿色农业的推广、无污染小城镇建设，实现面源的源头控制。

2. 地下水污染的控制与治理

地下水污染与地面水污染相比，由于运行通道、介质结构、水岩作用、动力学性质的复杂性而增大控制与治理的难度。同时由于水流动相当缓慢，水循环周期较长，地下水一旦受到污染，水质恢复将经历十分漫长的时间。

地下含水层的分布在自然界是有限的，尤其是在城市、工农业生产基地附近的含水层，与该地区的居民生活和生产都密切相关。我们不能设想含水层一旦被污染就一弃了之，这些含水层往往都是唯一的供水来源。在没有其他水源可代替的情况下，如何挽救含水层并使被污染的含水层再生，是目前水资源保护的一项新课题和艰巨任务。

四、实施流域水资源的统一管理

流域水资源管理与污染控制是一项庞大的系统工程，必须从流域、区域和局部的水质、水量综合控制、综合协调和整治才能取得较为满意的效果。

参考文献

［1］ 王永党，李传磊，付贵. 水文水资源科技与管理研究［M］. 汕头：汕头大学出版社，2018.

［2］ 英爱文，章树安，孙龙，等. 水文水资源监测与评价应用技术论文集［M］. 南京：河海大学出版社，2020.

［3］ 陈才明，王玉铜，陈隆吉. 温州市水文水资源［M］. 北京：中国水利水电出版社，2015.

［4］ 王志良. 水文水资源数据挖掘［M］. 北京：中国水利水电出版社，2014.

［5］ 侯晓虹，张聪璐. 水资源利用与水环境保护工程［M］. 北京：中国建材工业出版社，2015.

［6］ 金光炎. 水文水资源计算务实［M］. 南京：东南大学出版社，2010.

［7］ 王式成，陈竹青，赵瑾，等. 水文水资源技术与实践［M］. 南京：东南大学出版社，2009.

［8］ 陈满祥. 陈满祥水文水资源论文续集［M］. 兰州：甘肃人民出版社，2012.

［9］ 刘凯，刘安国，左婧，等. 水文与水资源利用管理研究［M］. 天津科学技术出版社有限公司，2021.

［10］ 李合海，郭小东，杨慧玲. 水土保持与水资源保护［M］. 吉林科学技术出版社有限责任公司，2021.

［11］ 贾艳辉. 水资源优化配置耦合模型及应用［M］. 郑州：黄河水利出版社，2021.

［12］ 李骚，马耀辉，周海君. 水文与水资源管理［M］. 长春：吉林科学技术出版社，2020.

［13］ 曾光宇，王鸿武. 水利坚持节水优先强化水资源管理［M］. 昆明：云南大学出版社，2020.

［14］ 游海林，张建华，吴永明. 赣江流域水资源综合利用与规划管理［M］. 郑州：黄河水利出版社，2020.

[15] 李予红. 水文地质学原理与地下水资源开发管理研究 [M]. 北京：中国纺织出版社，2020.

[16] 王亚敏. 居民幸福背景下的水资源管理模式创新研究 [M]. 长春：吉林大学出版社，2019.

[17] 潘奎生，丁长春. 水资源保护与管理 [M]. 长春：吉林科学技术出版社，2019.

[18] 李泰儒. 水资源保护与管理研究 [M]. 长春：吉林大学出版社，2019.

[19] 汪跃军. 淮河流域水资源系统模拟与调度 [M]. 南京：东南大学出版社，2019.

[20] 范明元，李晓，刘海娇，等. 建设项目水资源论证导引 [M]. 郑州：黄河水利出版社，2015.

[21] 马浩，刘怀利，沈超. 水资源取用水监测管理系统理论与实践 [M]. 合肥：中国科学技术大学出版社，2018.

[22] 万红，张武. 水资源规划与利用 [M]. 成都：电子科技大学出版社，2018.

[23] 张维江. 干旱地区水资源及其开发利用评价 [M]. 郑州：黄河水利出版社，2018.

[24] 齐跃明，宁立波，刘丽红. 水资源规划与管理 [M]. 徐州：中国矿业大学出版社，2017.

[25] 杨侃. 水资源规划与管理 [M]. 南京：河海大学出版社，2017.

[26] 邵红艳. 水资源公共管理宣传读本 [M]. 杭州：浙江工商大学出版社，2017.

[27] 左其亭，王树谦，马龙. 水资源利用与管理（第2版）[M]. 郑州：黄河水利出版社，2016.

[28] 侯景伟，孙九林. 水资源空间优化配置 [M]. 银川：宁夏人民出版社，2016.

[29] 王建群，谭忠成，陆宝宏. 水资源系统优化方法 [M]. 南京：河海大学出版社，2016.

[30] 袁彩凤. 水资源与水环境综合管理规划制技术 [M]. 北京：中国环境科学出版社，2015.